RECHERCHES

SUR

LES JALAPS

PAR

A<small>LBERT</small> BOURIEZ

Pharmacien de 1re classe,

Licencié ès-sciences naturelles,

Lauréat de la Faculté de Médecine et de Pharmacie de Lille

LILLE.

I<small>MPRIMERIE</small> L. D<small>ANEL</small>

1882.

RECHERCHES
SUR LES JALAPS

RECHERCHES

SUR

LES JALAPS

PAR

ALBERT BOURIEZ

Pharmacien de 1re classe,
Licencié ès-sciences naturelles,
Lauréat de la Faculté de Médecine et de Pharmacie de Lille

LILLE

IMPRIMERIE L. DANEL.

—

1882.

INTRODUCTION

Ce mémoire a pour objet de faire connaître les principaux résultats de nos recherches sur la structure microscopique des tubercules de Jalap.

Jusqu'à présent, que nous sachions, du moins, aucun travail spécial n'avait été entrepris sur ce sujet.

Les anciens Traités de Matière médicale se contentaient, en général, de décrire la configuration extérieure des tubercules de Jalap. Quand parfois ils en décrivaient la section transversale, cette description se bornait toujours à ce que l'on pouvait y découvrir à l'œil nu. Dans les Traités plus récents de MM. Planchon, Flückiger et Handbury, le Jalap a été soumis à un examen plus approfondi et ces auteurs nous fournissent déjà quelques données histologiques intéressantes sur la structure de ces tubercules.

Toutefois, ces derniers auteurs qui ont demandé à l'examen microscopique de précieux renseignements sur l'organisation des tubercules de jalap se bornent à en décrire, d'une façon très sommaire, une section transversale pratiquée à un niveau indéterminé d'un tubercule quelconque. Ils ne semblent pas, non plus avoir cherché l'interprétation des faits qu'ils ont observés.

Nous nous sommes proposé, dans la limite des ressources dont nous disposions, de compléter leurs observations et de relier les diverses descriptions que nos prédécesseurs ont donné de la structure du Jalap.

Bien que nous n'ayons pu disposer que d'échantillons secs, comme ceux que fournit le commerce de la droguerie, nous avons obtenu, en y appliquant les méthodes de détermination morphologique enseignées au Laboratoire de Botanique de Lille, des résultats aussi complets que nous pouvions l'espérer et qui, croyons-nous, sont de nature à intéresser le Pharmacien, puisqu'ils contribuent à mieux faire connaître un produit important de la matière médicale.

La difficulté d'obtenir sur des échantillons secs et cassants de bonnes préparations microscopiques est moins grande qu'on ne pourrait l'imaginer au premier abord, car si l'on prend soin de maintenir quelque temps à l'humidité les tubercules que l'on se propose de couper, on peut y pratiquer ensuite des sections très minces. Ces sections chauffées jusqu'à l'ébullition dans la liqueur acéto-glycerique (1) ou dans une solution de potasse à

(1) Voyez pour la formule de cette liqueur, C. Eg. Bertrand, *Traité de Botanique*, tome Ier, page 78.

20 pour cent deviennent très favorables à l'examen microscopique.

La dessication brutale à laquelle ont été soumis les tubercules de Jalap lors de leur récolte a parfois altéré leurs tissus. Il suffit généralement d'y multiplier les sections pour obtenir sur leur structure tous les renseignements désirables.

En étudiant ainsi au moyen de coupes successives des tubercules de Jalap, nous avons pu déterminer la structure et la nature morphologique des différents organes que le commerce livre à la Pharmacie, sous le nom de « Racine de Jalap » et expliquer dans une certaine mesure, le mécanisme de la tubérisation de ces organes.

Il nous a semblé que les faits que nous avons observés pouvaient intéresser tous ceux qui s'occupent de Matière médicale et de Botanique ; c'est pourquoi nous publions aujourd'hui le résultat de nos recherches.

Nous avons divisé ce travail en cinq chapitres :

Dans le premier chapitre, nous nous efforçons de distinguer cinq catégories de tubercules et nous faisons connaître les divers aspects à l'œil nu des sections transversales pratiquées à différents niveaux de ces tubercules.

Notre second chapitre est consacré à faire connaître la structure microscopique de la région tout à fait inférieure d'un tubercule type de jalap officinal.

Dans le troisième chapitre, nous décrivons les modifications que présente le tubercule depuis sa région inférieure jusqu'à sa région la plus renflée.

Notre quatrième chapitre est consacré à l'étude de la partie tout à fait supérieure du tubercule ; nous y décrivons, en outre, la structure de la région comprise entre la partie supérieure et la région moyenne renflée où nous nous étions arrêté au chapitre précédent.

Le second, le troisième et le quatrième chapitre, nous fournissent d'intéressantes conclusions sur la nature morphologique des tubercules types de Jalap officinal.

Enfin, dans le quatrième chapitre, nous signalons les variations de structure que présentent les différentes variétés de tubercules ; nous insistons spécialement sur l'organisation des tubercules de cinquième catégorie et nous terminons en comparant l'organisation des différentes sortes de Jalap à celle du Jalap officinal.

Ce travail a été fait au laboratoire de botanique de la Faculté des Sciences de Lille, dirigé par M. Bertrand.

Sous forme d'appendice, nous ajoutons à notre travail quelques observations sur le Jalap considéré au point de vue pharmaceutique. Pour cette dernière partie de nos recherches, nous devons adresser nos sincères remerciments à notre ami, M. Gustave Despinoy, pharmacien à Tourcoing, qui a mis à notre disposition, son laboratoire et son expérience.

CHAPITRE PREMIER

DIVERSES VARIÉTÉS DE TUBERCULES DE JALAP.
ASPECT A L'ŒIL NU DE LEURS SECTION SRANSESRALVETS
A DIFFÉRENTS NIVEAUX.

Si l'on fait abstraction des faux Jalaps que nous laisserons volontairement de côté, les Jalaps commerciaux constituent un mélange en proportions variables de Jalap tubéreux ou officinal, de Jalaps de Tampico (Jalaps digités major et minor de Guibourt), de Jalap léger ou fusiforme et de débris de ces différentes sortes.

De l'avis de tous les auteurs, cet différents Jalaps proviennent de convolvulacées américaines et l'on s'accorde généralement aujourd'hui à attribuer :.

Le Jalap tubéreux ou officinal à l'*Exogonium Purga*.

Les Jalaps de Tampico à l'*Ipomea Simulans*.

Le Jalap léger ou fusiforme au *Convolvulus Orizabensis*.

MM. Guibourt, Planchon, Flückiger et Handbury ont donné dans leurs Traités de Matière médicale, les caractères extérieurs qui permettent de distinguer ces différents Jalaps. Nous ne croyons pas utile de venir répéter ici leurs descriptions parfaitement exactes à tous égards.

Nous nous bornerons à insister sur un point plus spécial qui ne semble pas avoir suffisamment fixé l'attention. Nous voulons parler de l'existence dans chaque sorte de Jalap de tubercules représentant différents organes de la plante, et qui, ayant à remplir le même rôle de réservoir alimentaire ont acquis une configuration extérieure quelquefois tellement semblable qu'il devient difficile de les distinguer sur un simple examen superficiel.

En observant avec attention un certain nombre d'échantillons de Jalaps, nous avons été amenés à reconnaître cinq sortes de tubercules.

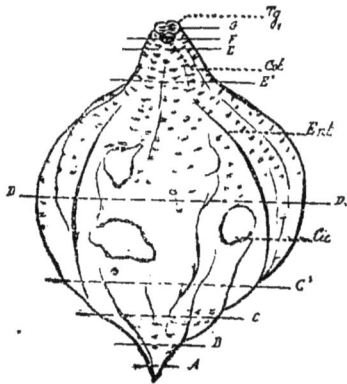

Fig. 1. — Tubercule type de Jalap. officinal.
A. B. C. C′. D. E′ E F. G. Niveaux des principales sections. — *Ent.* Entaille pratiquée pour faciliter la dessication. — *Cic.* Cicatrice. — Tg_1. Tige principale. — *Cot.* Point d'insertion d'un cotylédon.

Les tubercules du premier groupe, forment la plus grande partie des Jalaps ; ce·sont les échantillons types. On les reconnaît à ce que, toujours, ils offrent à l'une de leurs extrémités les restes d'une tige aérienne. A la base de cette tige on observe, en outre, deux cicatrices latérales, symétriques, profondes, qui font immédiatement penser aux traces des points d'insertion de deux appendices opposés.

Il est donc possible d'orienter ces tubercules et de leur donner la position qu'ils occupaient pendant leur vie.

Pour montrer ces restes d'organes aériens, nous avons représenté (fig. 1 : Tg, *cot*) l'un de ces tubercules choisi parmi les échantillons de belle taille de Jalap tubéreux, mais les tubercules de même ordre que l'on prendrait parmi les échantillons de Jalap léger ou de Jalaps de Tampico présenteraient tout aussi bien ces restes de tige et d'appendices sur lesquels nous attirons l'attention. Disons, d'ailleurs, une fois pour toutes, que les différents ordres de tubercules dont nous parlerons se retrouvent dans chaque espèce de Jalap.

Les tubercules de la seconde catégorie, qui sont encore assez abondants, n'atteignent jamais un volume aussi considérable que les tubercules dont nous venons de parler.

Ils peuvent, à première vue, offrir, à cela près, la même forme générale et le même aspect extérieur. Toutefois, ils ne présentent jamais de restes d'organes aériens et se terminent de la même manière à leurs deux extrémités. Il n'est pas possible de reconnaître la position qu'ils occupaient sur leur végétal vivant, (fig. 2. (A).

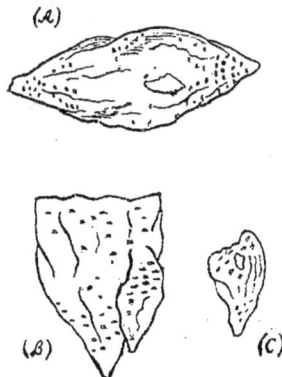

Fig. 2. — (A). Tubercule de seconde variété. (B). Tubercule secondaire inséré sur un tubercule primaire. — (C). Tubercule secondaire isolé (3me variété).

Il faut se garder de ranger dans cette deuxième catégorie, tous les tubercules dépourvus de restes d'organes aériens. Ceux-là seulement qui n'ont pas été mutilés sont suffisamment caractérisés pour que l'on n'ait pas à craindre d'avoir affaire à des tubercules de premier ordre dont la partie supérieure aurait été détruite. Ce fait se présente, en effet, assez fréquemment.

On rencontre, encore adhérents aux tubercules des deux ordres que nous venons de distinguer des tubercules secondaires nés vers leur partie inférieure. Ces organes détachés accidentellement constituent dans les échantillons commerciaux des tubercules de petite taille, terminés en pointe à leur extrémité inférieure et presentant vers leur région supérieure une large surface d'insertion qui permet de reconnaître immédiatement leur origine (fig. 2 (B) (*c*).

Ils forment notre troisième catégorie de tubercules.

Dans les Grabeaux, parmi les débris ordinairement rejetés par les Pharmaciens, on trouve une quatrième sorte de tubercules dont les traités de matière médicale ne font pas mention, mais qui présentent au point de vue de notre étude un intérêt tout particulier. Ils sont toujours très petits et s'insèrent perpendiculairement (fig. 3 (A) T *b*) sur un organe grêle cylindrique ou plus ou moins tubérisé.

Ces derniers organes fusiformes se rencontre fréquemment isolés et lorsqu'ils sont suffisamment renflés ils acquièrent l'apparence extérieure des tubercules de second ordre (fig. 3 (B).

Nous en formons une cinquième variété de tubercules.

Fig. 3. — (A). Tubercule inséré sur un
fragment cylindrique. — Tg, tige ; Tb, tubercule.
    (B). Tubercule fusiforme (5me variété).
    (C). Fragment cylindrique isolé.

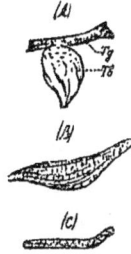

Ainsi, l'examen superficiel d'un grand nombre d'échantillons de Jalap nous conduit à nous demander si tous
les tubercules que nous y distinguons ne sont pas des
formes différentes d'un même organe ou si ce sont des
tubercules de nature morphologique différente.

Avant d'entamer l'examen microscopique des tubercules
commençons par étudier l'aspect que présente à l'œil nu,
ou armé d'une simple loupe à main, quelques sections
transversales pratiquées à différents niveaux sur nos tubercules. Nous décrirons en détail les sections des tubercules de différents ordres choisis dans le Jalap tubéreux
ou officinal et nous ferons connaître ensuite, par compa-
raison, les variations que présentent les Jalaps de Tampico
et le Jalap léger ou fusiforme.

En premier lieu, étudions un tubercule type, tel que
celui que nous avons représenté (fig. 1).

Nous pratiquons dans ce tubercule des sections transversales à différents niveaux. Dans toutes ces sections
nous distinguerons :

1° Une masse centrale compacte dont la couleur varie
suivant les échantillons du gris cendré au brun.

2° Plus extérieurement, une zone très mince, toujours fortement colorée en brun

3° Plus extérieurement encore, un anneau périphérique peu épais, dont la couleur est, en général plus foncée que celle du cylindre intérieur et qui est limité extérieurement par la ligne sombre ondulée de la surface de l'organe. L'aspect de cet anneau extérieur reste le même à tous les niveaux : ses tissus sont criblés de points noirs brillants disposés en cercles concentriques d'autant plus nombreux que l'on approche de la région la plus renflée du tubercule. Ces points brillants sont dus aux cellules à résine. L'aspect du cylindre intérieur est, au contraire, très variable d'un niveau à l'autre.

A la partie tout-à-fait inférieure du tubercule, au niveau A (fig. 1) il offre une structure radiée due à la disposition spéciale des vaisseaux ligneux très visibles (fig. 4 (A).

Un peu plus haut, en B, la structure radiée est profondément troublée ; les vaisseaux ligneux apparaissent encore nettement, mais ils sont disséminés dans la masse du cylindre intérieur où l'on observe, au sein des tissus quelques points noirs brillants dus aux cellules à résine (fig. 4 (B).

Plus haut, vers le niveau C, on observe encore à l'œil nu, les vaisseaux ligneux voisins de la zone brune qui sépare l'anneau périphérique du cylindre central, mais ceux qui se sont plus rapprochés du centre de l'organe sont entourés de petits cercles concentriques de points résineux et si bien dissimulés qu'on ne les distingue qu'à l'aide de la loupe (fig. 4 (C).

Au niveau E qui correspond à la partie la plus renflée du tubercule, on n'observe, pour ainsi dire, plus de

vaisseaux ligneux, à l'œil nu. A peine peut-on, à l'aide
de la loupe, reconnaître ceux qui restent très près de la zone
brune. Les points résineux devenus très abondants forment non-seulement des cercles concentriques autour des
vaisseaux disséminés dans la masse, mais encore des zones
de forme et d'étendue très variables, qui compriment les
tissus et rendent les vaisseaux ligneux presqu'invisibles
(fig. 4 (D).

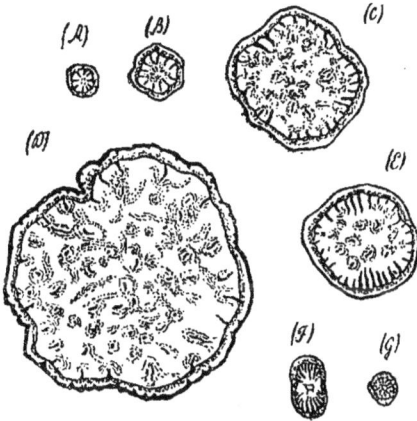

Fig. 4. — Sections transversales pratiquées à divers
niveaux d'un tubercule type de Jalap officinal. Les
lettres (A. B. C. D. E. F. G.) correspondent aux niveaux
désignés par A. B. C. D. E. F. G. sur la figure 1.

La coupe à ce niveau présente un aspect ondulé qu'il
nous a semblé intéressant d'étudier ; nous insisterons
beaucoup sur ce point un peu plus loin.

Plus haut, au niveau E, le nombre des zones formées
par les points résineux est beaucoup moins considérable;
les vaisseaux ligneux sont visibles, ceux du centre sont
entourés encore de cercles concentriques formés de points

résineux, ceux qui avoisinent la périphérie sont rapprochés en deux directions opposées correspondant aux
extrêmités d'un diamètre. (fig. 4 (E).

Vers le point où l'on rencontre les cicatrices latérales
qui semblent dues à l'insertion de deux appendices (fig. 4 :
F) la masse centrale de l'organe prend une figure aplatie;
on dirait une ellipse. On y reconnaît facilement deux
arcs ligneux épais occupant les extrêmités du grand axe.
Très généralement, le centre de l'organe est déchiré.
(fig. 4 (F).

A l'extrémité tout à fait supérieure du tubercule, on
trouve sur les échantillons très bien conservés, le cylindre central presque complètement lignifié et n'offrant
plus au centre qu'une faible portion de tissu mou, souvent
détruite, (fig. 4 (G).

La coupe radicale du même tubercule représentée
dans la figure 5 (C) permet de relier entre elles les différentes coupes transversales que nous venons d'examiner.

Les tubercules de second ordre, présentent, pour la
plupart sur les sections transversales pratiquées de l'une
de leurs extrémités jusqu'à leur région médiane, les
mêmes aspects que les coupes correspondantes des tubercules de première catégorie. De leur région médiane à
l'autre extrémité ils reproduisent inversement les mêmes
variations.

Quelques-uns de ces tubercules présentent, toutefois,
une structure différente qui correspond à celle des tuber·
cules de cinquième ordre. Nous la décrivons plus loin.

Les sections transversales des tubercules secondaires qui
forment notre troisième catégorie présentent absolument

le même aspect que les sections correspondantes que nous venons d'examiner.

Nous pouvons en dire autant des sections des petits tubercules insérés sur les organes cylindriques ou fusiformes du grabeau et qui constituent notre quatrième ordre de tubercules.

Les fragments cylindriques et les fragments fusiformes présentent les uns et les autres le même aspect sur une section transversale pratiquée à leurs extrémités ; mais tandis que les premiers conservent sur toute leur étendue le même volume; les seconds sont renflés vers leur milieu et présentent suivant les niveaux des aspects différents. Ces derniers organes tubérisés constituent notre cinquième ordre de tubercules et peuvent , comme nous l'avons dit , prendre l'aspect de certains tubercules de second ordre.

L'aspect d'une section transversale pratiquée à l'une des extrémités de l'un de ces tubercules est le même que celui qu'offre sur toute sa longueur un fragment cylyndrique.

On y distingne :

1° Une masse centrale généralement de couleur gris cendré ;

2° Une zone mince brune, plus extérieure ;

3° Plus extérieurement encore , un anneau périphérique criblé de points résineux.

L'anneau périphérique présente tout à fait le même aspect que dans les divers tubercules que nous avons examinés jusqu'ici et cet aspect reste le même sur toute l'étendue du tubercule.

Le cylindre central présente au contraire des différences importantes, avec les niveaux et ne ressemble en
aucune façon à la région correspondante des tubercules
que nous avons étudiés jusqu'à présent.

Vers l'extrémité la plus amincie du tubercule
(fig. 5 (A), on y observe, contre la zone brune trois massifs ligneux larges, mais peu épais. disposés symétriquement et comprenant une région centrale d'aspect homo-
gène où l'on aperçoit quelques points brillants dus à des
cellules à résine.

Dans les régions plus renflées de ce même tubercule
(fig. 5 (B), les sections transversales n'ont plus la forme
d'un cercle mais genéralement celle d'un ovale asymé-
trique.

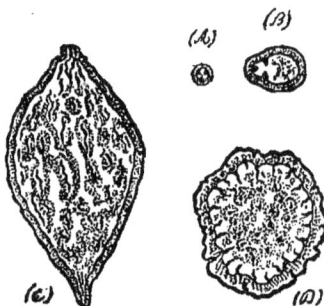

Fig. 5. — (A. B). Sections transversales pratiquées à différents niveaux d'un tubercule de 5ᵐᵉ variété.
(C). Section longitudinale d'un tubercule type.
(D). Section transversale pratiquée dans une région médiocrement renflée d'un tubercule de Jalap léger.

L'anneau périphérique suit cette variation de forme
de la région centrale mais ne présente d'ailleurs aucune
modification. La region central offre vers l'une des extrémités de son plus grand diamètre trois massifs ligneux
vers l'autre un certain nombre de zones formées par des
cellules à résine.

Les plus importantes de ces zones sont parallèles à la

zone brune qui sépare la région centrale de l'anneau périphérique , d'autres entourent des vaisseaux ligneux isolés visibles seulement à l'aide de la loupe.

Lorsque ces tubercules atteignent un assez fort volume leur région la plus renflée présente l'aspect général de la région correspondante des autres tubercules.

Les sections transversales pratiquées aux mêmes niveaux, sur les tubercules de même ordre choisis dans des échantillons types de Jalaps de Tampico ne diffèrent pas des coupes correspondantes du Jalap tubéreux ou officinal.

D'ailleurs , s'il est possible à l'aide des caractères fournis par les différents traités de matière médicale de distinguer deux échantillons choisis, l'un de Jalap officinal, l'autre de Jalap de Tampico, il faut bien avouer qu'en pratique il est très difficile, sinon impossible, de différencier les tubercules de ces deux espèces tellement voisines que M. J. L. de Lanessan, dans son récent traité d'histoire naturelle médicale a émis l'opinion que l'*Ipomea simulans* n'est peut-être qu'une variété de l'*Exogonium Purga*.

Les sections de tubercules de différents ordres pris dans les échantillons de Jalap léger ou fusiforme offrent encore la même série de variations, mais elles présentent au point de vue de l'aspect général des différences qu'il nous suffira d'expliquer sur une seule section traversale (fig. 5 (D).

L'anneau périphérique est le même que dans les Jalaps que nous avons examinés précédemment, la zone brune qui sépare cet anneau périphérique du cylindre extérieur est ordinairement moins accentuée.

Le cylindre central est beaucoup moins compacte, sa couleur est moins foncée , très généralement d'un gris sale quelquefois presque blanche.

Il en résulte que les vaisseaux ligneux plus colorés tranchent sur le fond et sont ainsi très apparents.

Lorsque les vaisseaux sont disséminés dans la masse du cylindre central, ils forment des cercles vaguement concentriques. (fig. 5 (D).

Un autre fait qui contribue à faire ressortir les vaisseaux ligneux, c'est la faible quantité des cellules à résine qui les entourent.

On s'explique ainsi comment on a pu donner à cette sorte de Jalap le nom de *Jalap ligneux* bien que les productions ligneuses n'y soient pas plus développées que dans les autres Jalaps mais simplement parce qu'elles y sont plus apparentes.

Si l'on compare les données que nous a fourni l'examen rapide auquel nous venons de soumettre les échantillons des Jalaps commerciaux aux descriptions des plantes qui fournissent ces Jalaps, on arrive à se faire une idée de la position qu'occupaient dans le végétal vivant les tubercules de différents ordres.

On sait que les Convolvulacées qui produisent le Jalap sont des plantes à souche vivace, émettant des rameaux aériens et des rameaux souterrains munis de racines tuberculeuses.

Ne peut-on pas penser, a priori, que les tubercules qui présentent la trace d'organes aériens ne sont autre chose que les souches vivaces de ces plantes?

Les tubercules insérés perpendiculairement sur un organe cylindrique on fusiforme ne rappellent-ils pas les racines tuberculeuses émises par des rameaux souterrains et ne peut-on considérer les tubercules isolés et dépourvus de traces d'organes aériens comme des racines tuberculeuses détachées des rameaux souterrains qui les supportaient ?

Nous allons soumettre ces différentes questions à l'examen microscopique.

Nous croyons avoir suffisamment tracé le plan de l'étude que nous allons entreprendre dans les pages suivantes ; mais nous ne pouvons terminer ce premier chapitre, sans reproduire textuellement les descriptions qu'ont données MM. Planchon, Flückiger et Handbury de la structure microscopique des tubercules de Jalap.

Ces descriptions représentent l'état actuel des connaissances sur la question et le point de départ de nos recherches.

D'après M. Planchon, une coupe transversale de Jalap montre de dehors en dedans :

« 1° Une zone corticale ayant une largeur de 1 à » 2 millimètres, séparée de la zone centrale par une » ligne obscure de cambium.

» Cette écorce est riche en matières résineuses conte» nues dans de grosses cellules qui se groupent surtout » en cercle dans le voisinage du cambium.

» 2° Le bois proprement dit :

» L'écorce est formée de 10 à 12 rangs de cellules » subéreuses dont les plus extérieures sont fortement » colorées en brun.

» Au dessous se trouve un parenchyme assez irrégulier » de cellules étendues dans le sens tangentiel ; dans les » cellules les plus extérieures de ce parenchyme et non

» colorées par le suber, on trouve des larmes de matière
» brunâtre et résineuse et d'assez nombreux cristaux
» d'uxalate de chaux en rosette. On remarque, en outre,
» soit des grains d'amidon réunis 5 ou 6 ensemble, soit
» une sorte d'empois colorable par l'iode.

 » Le parenchyme cortical contient, en outre, surtout
» vers la partie interne, de grosses cellules à parois
» jaunâtres ayant de $\frac{1}{10}$ à $\frac{1}{5}$ de millimètre de diamètre
» et renfermant de grosses larmes de résine qui, sur les
» préparations microscopiques paraissent comme une
» matière mucilagineuse incolore. Ces grosses cavités se
» groupent surtout vers la zone de séparation du bois et
» de l'écorce, de manière à continuer un cercle continu.

» La ligne de cambium est formée de cellules sans
» amidon étendues dans le sens de l'axe, de couleur
» brune et contenant çà et là des groupes de vaisseaux
» ponctués à ouverture assez grosse, peu étendus dans
» sens longitudinal.

» A partir de la zone cambiale, on voit une succession
» de couches concentriques plus ou moins nombreuses,
» suivant l'âge du tubercule, rangées dans les jeunes
» racines autour du vrai centre, dans les plus vieilles
» autour d'un point excentrique. Ces zones sont nette-
» ment indiquées par une ligne prononcée et assez
» épaisse de cellules résineuses noirâtre.

 » Chacune des zones présente de l'extérieur à l'inté-
» rieur :

» 1° Une couche de cellules tout à fait semblables à
» celles que nous avons décrites dans le cambium avec
» des vaisseaux vasculaires placés contre cette ligne et
» comme dans son épaississement, puis de nombreuses
» cellules à résine semblables à celles de l'écorce, elles

» forment un cercle qui paraît continu à l'œil nu , mais
» qui , vu à un grossissement moyen , montre ses
» éléments séparés par des cellules amylacées.

» 2° A l'intérieur de cette couche résineuse, on voit
» un parenchyme de cellules polyédriques ou arrondies,
» remplies d'amidon ou d'empois et çà et là des cristaux
» d'oxalate de chaux. Ce parenchyme est interrompu
» par des cellules résineuses, soit isolées, soit groupées
» entre elles, de manière à former des cercles très
» minces concentriques aux zones larges résineuses que
» nous avons précédemment indiquées. Ces cellules ne
» répondent pas aux véritables couches annuelles, mais
» sont simplement contenues dans l'épaisseur de ces
» couches.

» Les cellules résineuses examinées sur la coupe
» longitudinale se montrent en séries assez longues, un
» certain nombre de ces grosses cellules se trouvant pla-
» cées bout à bout, séparées seulement par leurs minces
» parois jaunâtres ; il arrive même parfois que les cloi-
» sons de séparation se résorbent et qu'il se forme alors
» comme une sorte de réservoir assez long, revêtu de
» ses parois propres ou comme un large vaisseau
» laticifère.

» La région centrale des tubercules de Jalap ne
» présente rien de particulier. (*Détermination des*
» *drogues simples. — Paris* 1875). »

MM. Flückiger et Handbury dans le traité intitulé
« Pharmacographia » (*traduit par J. L. de
Lanessan. Paris* 1878), donnent de leur côté la
description suivante :

« Sur une coupe transversale, le Jalap n'offre pas de

» structure radiée, mais de nombreux petits cercles
» concentriques qui, sur un grand nombre d'échantillons,
» sont régulièrement disposés. Ils sont dus aux cellules
» laticifères qui ne diffèrent du parenchyme environnant
» que par leur contenu et leurs dimensions plus consi-
» dérables. Ces laticifères traversent le tissu en direction
» verticale en constituant des bandes verticales, ainsi
» qu'on peut l'observer sur une coupe longitudinale.
« Les cellules qui les forment sont simples et disposées
» les unes au dessus des autres, mais sans former de
» vaisseaux véritables comme ceux qu'on trouve dans la
» laitue et le pissenlit.

» Les faisceaux fibro-vasculaires du Jalap ne sont ni
» nombreux, ni larges, ils sont accompagnés par des
« cellules à parois minces, de sorte qu'il n'existe pas de
» faisceaux ligneux durs. Les cellules parenchymateuses
» sont abondantes et paraissent former sur une coupe
» longitudinale des couches concentriques.

« Les cellules laticifères se trouvent toujours dans la
» partie extérieure de chaque couche. La zone de suber
» qui recouvre la racine est formée, selon l'habitude de
» cellules tubulaires.

» Le parenchyme du Jalap est rempli d'amidon. Dans
» les morceaux qui ont été desséchés à la chaleur,
» l'amidon se présente en masses amorphes. La drogue
» au lieu d'être farineuse offre alors une consistance
» cornée et une cassure grisâtre.

» Les laticifères contiennent la résine à l'état demi-
» fluide, même dans la drogue sèche,

» Lorsqu'on humecte les coupes minces avec un
» liquide aqueux, des gouttes d'huile sortent des
» cellules. »

CHAPITRE DEUXIÈME

STRUCTURE DE LA RÉGION INFÉRIEURE D'UN TUBERCULE
TYPE DE JALAP OFFICINAL

Nous prendrons comme tubercule type du Jalap officinal l'un des tubercules où la région inférieure est distincte de la région supérieure, tel que celui que nous avons représenté (fig. 1.)

Nous avons indiqué sur cette figure les niveaux des principales coupes. Nous avons décrit et figuré l'aspect de ces coupes à l'œil nu; nous pouvons soumettre maintenant ces mêmes coupes à l'examen microscopique.

Si nous pratiquons une section transversale vers l'extrémité inférieure d'un tel tubercule, vers le niveau A par exemple (fig. 1) nous observons en ce point la structure d'ensemble suivante : (fig. 6.)

1° Vers le centre de la section, on constate la présence de quatre lames ligneuses primaires, convergentes, symétriques deux à deux. Ces masses très grêles, se distinguent, au premier coup d'œil, par la coloration intense de leurs parois cellulaires.

2° Les massifs ligneux primaires sont plongés et comme

noyés dans une masse volumineuse d'éléments ligneux secondaires.

Le cercle ligneux secondaire est découpé radialement par de grands rayons parenchymateux qui vont s'élargissant de plus en plus à mesure qu'on s'éloigne du centre de l'organe pour se rapprocher de la surface ;

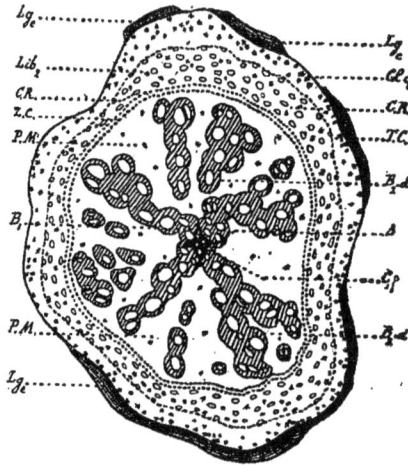

Fig. 6. — Section transversale d'ensemble de la région inférieure (Niveau A) du tubercule type de Jalap officinal.

Δ Centre de différenciation ligneuse. — Cγ, centre de figure de l'organe et du faisceau. — B$_1$, bois primaire. — B$_2d$, bois secondaire durci.— Z.C, zône cambiale.— Lib$_2$, liber secondaire. — C.R, cellules à résine. — T.C, tissu cortical. — G$l.cc$, glandes cristallogènes. — P.M, parenchyme muriforme. — Lg_e, liège extérieur.

3° Une lame cambiale peu épaisse limite extérieurement le cercle des productions ligneuses secondaires ;

4° Un anneau libérien épais entoure la zone cambiale. Il est fort difficile de délimiter la zone cambiale de la

zone libérienne, la zone cambiale passant extérieurement
à la zone libérienne ; on y arrive cependant avec quelque
exercice.

5° Une couche peu développée de tissu cortical sépare
enfin la zone libérienne des productions subéreuses qui
constituent le revêtement extérieur de l'organe.

Reprenons en détail l'examen de chacune des régions
que nous venons de mentionner ci-dessus.

Chacune des lames ligneuses primaires comprend
(fig. 7), deux ou trois trachées à parois fortement colorées en jaune.

Ces trachées sont d'autant plus larges qu'elles sont
plus proches du centre de la racine ; la plus grêle est
par conséquent la plus extérieure. Elle est généralement
écrasée.

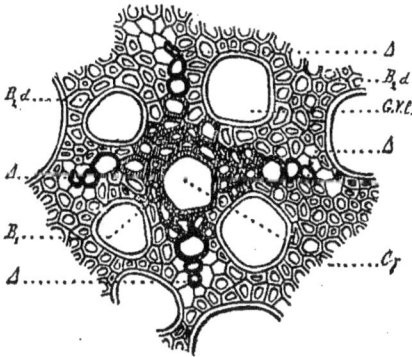

Fig. 7. — Région centrale de la figure 6 , grossie.
Δ. Centre de différenciation ligneuse. — B₁ , bois
primaire.— Cγ, centre de figure de l'organe et du faisceau. — B₂d, bois secondaire durci. — G.Vl , gros
vaisseau ligneux.

La trachée la plus interne est ordinairement très
grande.

Entre cette trachée et le centre de l'organe, on observe quelques vaisseaux ligneux à parois plus épaissies, mais moins colorées que celles des trachées. Nous rapportons encore ces éléments au bois primaire, bien que sur une simple section transversale il ne soit guère possible de les distinguer des éléments ligneux secondaires durcis. Toutefois, comme des faits de même ordre sont connus dans un grand nombre de familles : Cucurbitacées (d'après M. Lotar) ; Légumineuses, Crucifères, Nyctaginées, Bignonia tubéreux, etc., (d'après M. Bertrand), nous croyons justifiée notre interprétation de ces éléments comme primaires.

La masse du bois secondaire est partagée en massifs d'éléments durcis plus ou moins déchiquetés, environnés de tissu parenchymateux et parfois complètement isolés dans ce tissu (fig. 6.

Chaque massif d'éléments ligneux durcis est formé de gros vaisseaux de fibres et de parenchyme (fig. 8.)

Les vaisseaux ligneux semblent d'autant plus grands qu'ils sont plus extérieurs.

Ces vaisseaux très larges résultent de la fusion de cellules placées bout à bout ; ils sont assez étendus en longueur.

Leurs planchers subsistent quelquefois ; ils sont alors criblés de ponctuations aréolées elliptiques, très rapprochées semblables à celles qui couvrent les parois latérales.

L'épaississement général des parois du vaisseau a pris par suite de la disposition des aréoles la forme d'un réseau dont chaque maille est occupée par une de ces aréoles elliptiques.

Le centre de chacune des aréoles présente une boutonnière en fente très étroite, dirigée dans le sens du grand axe de l'ellipse.

Les fibres ligneuses étroites, allongées, ayant deux et trois fois la longueur des cellules vasculaires, ne présente sur chacune de leurs faces longitudinales qu'une seule rangée de ponctuations aréolées semblables à celles que nous avons décrites à la surface des vaisseaux, mais très séparées les unes des autres.

Ces fibres sont peu nombreuses.

Fig. 8.— Section radiale du bois secondaire durci d'un tubercule type de Jalap officinal.—F.*l*, fibres ligneuses. — G. V.*l*, gros vaisseaux ligneux. — P.*l*, parenchyme ligneux. — *p*.V, paroi du vaisseau. — C*l*′, cloison transverse conservée. — Cl″, cloison transverse résorbée.

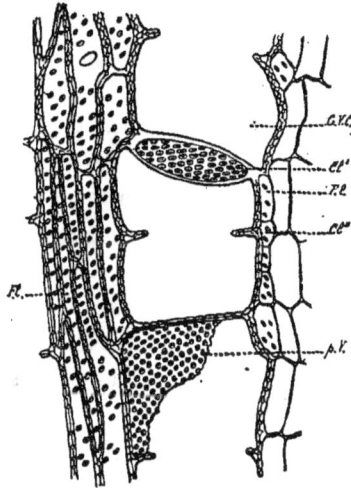

Dans les massifs d'éléments ligneux durcis il nous reste à signaler les éléments parenchymateux. Ces éléments consistent en cellules de diamètre transversal, semblable à celui des fibres ligneuses, mais dont la longueur toujours très peu considérable, atteint à peine la moitié ou le tiers de la longueur des cellules constituantes des vaisseaux. Ces cellules de parenchyme ligneux semblent résulter du cloisonnement transversal des fibres ligneuses. Leurs parois paraissent présenter parfois deux rangées de ponctuations, mais cela tient à l'empiétement d'une face longitudinale de la cellule sur une face voisine. Les ponctuations qui couvrent les parois longitudinales de ces cellules de parenchyme ligneux sont semblables à celles des fibres ligneuses et des vaisseaux, mais la régularité de leur disposition est souvent troublée.

Deux ou trois fois, nous avons observé que les parois des cellules de parenchyme ligneux poussaient des prolongements dans la cavité d'un vaisseau, il peut donc arriver que le parenchyme ligneux fasse hernie à l'intérieur des vaisseaux et constitue des thylles.

Les quatre massifs d'éléments ligneux secondaires durcis les plus importants correspondent sensiblement aux plans bissecteurs des lames trachéennes primitives, de telle sorte qu'on peut, à la rigueur, même en l'absence d'éléments ligneux primaires reconnaître dans la disposition générale des lames ligneuses secondaires, la symétrie primitive de l'organe (fig. 6.)

Les massifs d'éléments ligneux durcis que l'on rencontre isolés entre ces quatre massifs principaux présentent la même structure que ces derniers.

Ces massifs isolés se sont produits directement dans l'intervalle des massifs principaux par l'activité de la zone cambiale qui donne à chaque instant naissance à de nouveaux éléments.

D'autres fois, ces massifs isolés ont été détachés des massifs principaux par l'interposition d'une lame de tissu parenchymateux.

On voit, en effet, en certains points de la face interne de la zone cambiale que les cellules nouvellement formées subissent les unes, la différenciation ligneuse, tandis que les autres ne présentent d'autre modification qu'une augmentation de volume et constituent un tissu cellulaire que nous désignerons désormais sous le nom de parenchyme muriforme (fig. 10 et 11.)

Le parenchyme muriforme, par suite des tiraillements que la dessiccation lui fait subir ne présente plus dans les échantillons ordinaires du Jalap l'aspect régulier qu'il offrait sur le végétal vivant. On reconnaît pourtant que ses cellules sont parallélipipédiques, à parois minces, lisses et transparentes, un peu plus longues que larges.

Quelques-uns des cellules de ce parenchyme muriforme contiennent des cristaux d'oxalate de chaux groupés en mâcles à pointements aigus.

On n'observe dans ce parenchyme aucune cellule a résine et nous insistons tout spécialement sur ce dernier point, parce que dans la région renflée de l'organe nous rencontrerons d'abondantes cellules à résine dans cette même région où elles font, à présent, complètement défaut.

Les glandes cristallogènes que l'on observe çà et là dans le parenchyme muriforme montrent sur les sections transversales une ou deux mâcles en boulet d'oxalate de chaux. En réalité, ces glandes cristallogènes consistent en cellules parenchymateuses recloisonnées ultérieurement en autant de loges qu'il y a de mâcles cristallines (fig. 9.)

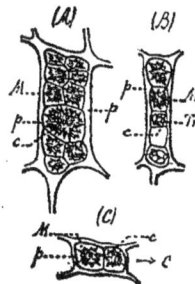

Fig. 9. — Glandes crystallogènes au liber du tubercule de Jalap officinal. (A. B). Coupes radiales. — M, mâcle. — p, paroi. — c, cloison. — Tr, trame des mâcles traitées par un acide. — (C). Coupe transversale de la glande (A).

Les cloisons de séparation traitées par le chloro-ïodure de zinc se colorent en bleu ; elles sont donc formées de cellulose pure.

Il y a une ou deux rangées de mâcles par cellule, de sorte qu'après les recloisements de la cellule-mère, on observe sur les coupes radiales une ou deux séries verticales formées d'un nombre de mâcles qui varie de 6 à 9, suivant la longueur de la cellule où elles ont pris naissance.

Les sections radiales traitées par un acide minéral qui dissout l'oxalate de chaux, montrent avec la plus grande netteté les subdivisions cellulosiques de ces glandes cristallogènes.

Ces faits peuvent se rapprocher de ceux observés par M. J. Vesque, chez les Asclépiadées, le Hirea houlletiana (Malpighiacées), etc. Ils rappellent aussi, à certains égards, d'après l'avis de M. C. Eg. Bertrand, les glandes cellulosiques produites dans les éléments libériens des Acanthacées.

La zone cambiale présente sur toute son étendue la même puissance ; ses éléments consistent en cellules à parois minces, lisses, transparentes, beaucoup plus longues que larges, cloisonnées tangentiellement.

Lors des premiers développements de l'organe, la zone cambiale était représentée par quatre arcs placés entre les massifs libériens primaires et les lames ligneuses primaires, elle est devenue circulaire et continue, par suite de l'extension latérale et de la réunion de ces quatre arcs primitifs.

Par suite de la dessication, les cellules de la zone cambiale sont fortement comprimées les unes contre les

autres et elles ne reprennent leur volume primitif que si
l'on prend soin de chauffer les coupes jusqu'à l'ébullition
dans une solution de potasse à 10 pour cent.

Vers l'intérieur de l'organe, la zone cambiale passe
insensiblement au parenchyme muriforme, vers la surface
au liber secondaire.

Entre les éléments ligneux et les éléments libériens,
des cellules qui conservent la faculté de se cloisonner
tangentiellement, fournissent à chaque instant de nouveaux
produits, de sorte que l'on peut étudier pour ainsi dire
pas à pas, la différenciation des tissus (fig. 10).

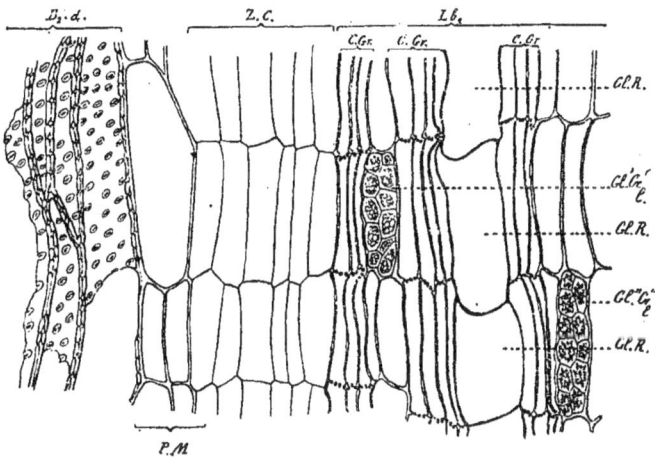

Fig. 10.— Section radiale de la zône cambiale du tuber
cule type de Jalap officinal — Z. C. Zone cambiale.
— B₂d, bois secondaire durci.— Lb₂, liber secondaire.
— P. M. Parenchyme muriforme. — C. Gr, cellules
grillagées. — Gl. R, glandes résineusès. — Gl′Cr′₁,
Gl″ Cr″₁, glandes cristallogènes du Liber,

Nous avons dit, plus haut, que des cellules actives de
la zone cambiale, les plus internes, d'une part, subissaient

la différenciation ligneuse. Les plus externes, d'autre part, se sont caractérisées et ont formé un anneau libérien secondaire. Ce liber secondaire est caractérisé par des cellules grillagées. Il renferme en outre un grand nombre de glandes résinifères, unicellulaires et de glandes cristallogènes.

On peut observer le mode de formation de ses éléments. (fig. 10).

Parmi les jeunes cellules produites par le cloisonnement tangentiel des éléments de la zone cambiale, les uns ne montrent d'abord, d'autre modification qu'une augmentation de volume, tandis que les autres présentent de très bonne heure, des cloisons longitudinales qui les subdivisent en un certain nombre de cellules étroites, allongées, comme cela se voit chez les Asclépiadées, les Apocynées, les Solanées, les Acanthacées, etc.

Un certain nombre de cellules parenchymateuses superposées fournissent ainsi chacune 2 à 5 éléments étroits qui s'ajustent directement bout à bout, la cloison transverse qui sépare deux cellules superposées se résorbe suivant les mailles d'un réseau et ainsi prennent naissance les plaques grillagées transversales des cellules grillagées qui caractérisent le liber. (fig. 10).

Nous n'avons pas constaté l'existence de plaques grillagées sur la paroi longitudinale de ces cellules.

Les cellules grillagées occupent toujours les plus larges des petits éléments produits par recloisonnement des cellules nées de la zone cambiale ; l'aspect nacré de leurs parois épaisses les fait facilement reconnaître sur les diverses sections. Toutefois leurs grillages sont très difficiles à observer, du moins sur les échantillons secs.

On arrive pourtant à les mettre en évidence en

chauffant jusqu'à l'ébullition dans une solution de potasse à 10 pour cent, des coupes radiales extrêmement minces ou mieux en laissant macérer ces mêmes coupes pendant 48 heures dans quelques gouttes de carmin de Thiersch (formule modifiée par M. Bertrand). Le traitement qu'il faut faire subir aux coupes pour rendre visibles les cellules grillagées écarte la question des caïs ou épichlètres qui, d'ailleurs, ne présente guère d'intérêt lorsqu'on a affaire à des organes secs.

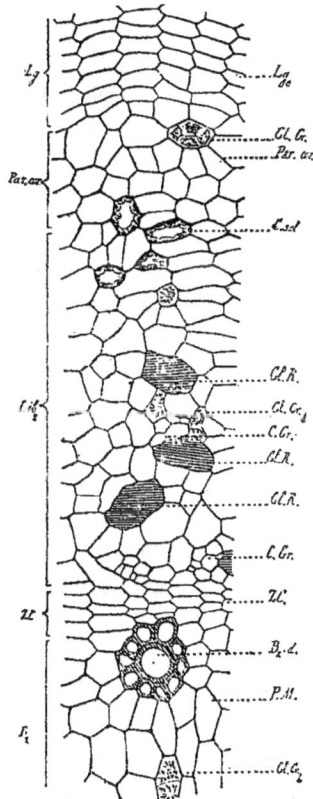

Fig. 11. — Portion grossie de la section transversale de la zone cambiale d'un tubercule type de Jalap officinal et de sa région superficielle.

Lg_e, liège extérieur. — *Par. Cor.*, parenchyme cortical. — Gl. Cr, glande crystallogène du parenchyme cortical. — C. *scl*, cellule sclérifiée. — Gl. Cr_b, glande cristallogène du bois. Les autres lettres comme figure 10.

Certains éléments parenchymateux nés de la zone cambiale et qui ne présentent pas les recloisonnements que nous avons signalés pour la formation des cellules grillagées augmentent de volume et prennent finalement, sauf leur irrégularité, l'aspect des cellules du parenchyme muriforme que nous avons étudié à l'intérieur de la zone cambiale.

Le tissu ainsi produit et que nous appellerons, à cause de sa position, parenchyme libérien présente çà et là des glandes cristallogènes multicellulaires formées aux dépens d'une cellule unique recloisonnée et en tous points semblables à celles que nous avons décrites en détail, dans le parenchyme muriforme.

Certains de ces éléments parenchymateux s'hypertrophient et se gorgent de résine.

Ces cellules à résine sont reconnaissables au premier coup d'œil sur des coupes transversales par le diamètre de leur section qui atteint celui des plus gros vaisseaux ligneux, par l'irrégularité de leur contour, la coloration brunâtre de leurs parois et leur contenu spécial. (fig. 10).

En coupe longitudinale, elles sont à peine plus longues que larges. En général, plusieurs d'entre elles sont superposées bout à bout mais séparées toujours par leurs parois transversales. Il résulte de cette disposition que les cellules à résine forment des files verticales, quelquefois assez longues. Le nombre des cellules à résine placées bout à bout est d'ailleurs variable et on rencontre des séries qui ont ainsi de 20 à 30 cellules à côté de cellules à résine isolées.

Il n'est pas rare de voir deux cellules à résine juxtaposées ou même deux séries verticales de ces cellules marcher côte à côte sur une longueur plus ou moins grande.

Les deux séries ne s'écartent jamais l'une de l'autre, mais comme il est très rare qu'elles commencent au même niveau et que d'ailleurs elles sont presque toujours formées d'un nombre inégal d'éléments, on comprend facilement qu'en un point déterminé l'une des séries s'arrête, tandis que l'autre continue à cheminer seule.

Nous n'avons observé nulle part la résorption de la paroi commune à deux cellules à résine placées bout à bout ou juxtaposées, c'est-à-dire que jamais nous n'avons constaté la formation d'un canal résineux.

Il résulte du mode de formation de ces cellules à .résine qu'elles sont directement en contact avec le parenchyme libérien dont elles ne diffèrent que par leurs dimensions plus considérables et leur contenu ; elles sont disséminées au sein des éléments caractérisés du liber et ne présentent aucune trace d'épithélium sécréteur. Chaque cellule est elle-même épithéliale. Nous sommes portés, pour ces motifs, à considérer ces cellules à résine comme des glandes unicellulaires diffuses dans la masse du liber.

Le contenu de ces glandes apparaît sur les coupes traitées simplement par l'eau, comme une masse grisâtre, granuleuse. Cet aspect granuleux est du à des gouttelettes huileuses que l'éther dissout.

Ce même réactif ne semble pas attaquer sensiblement la masse résineuse elle-même qui toutefois devient plus fluide à son contact.

L'alcool dissout le contenu cellulaire tout entier, d'autant plus rapidement qu'il est à un degré plus élevé.

L'acide acétique dissout comme l'alcool tout le contenu résineux ainsi que les solutions alcalines concentrées.

L'eau iodée et le picrocarminate d'ammoniaque

(formule Ranvier) donnent au contenu des glandes résinifères des colorations caractéristiques.

Il suffit de laisser macérer des coupes assez minces
dans ces réactifs pendant quelques heures pour donner
contenu résineux :

1° Avec l'eau iodée une coloration jaune verdâtre,
peu intense.

2° Avec le picrocarminate de Ranvier une coloration
jaune vif que la teinte rouge des tissus ambiants éclaire
d'un reflet verdâtre par un effet connu de contraste
des couleurs.

L'emploi du Carmin ammoniacal ne donne aucun
résultat et nous nous sommes assurés directement que
le picrocarminate de Ranvier n'agissait ici que par son
acide picrique.

Le bleu soluble à l'eau et les autres réactifs colorants
ordinairement employés ne nous ont fourni aucun
caractère.

Nous n'avons d'ailleurs rien pu savoir de l'origine
même de la masse résineuse qui gorge chaque glande et
nous avons cherché en vain à retrouver le noyau des
cellules à résine.

L'étude du contenu cellulaire sur l'organe frais pourrait seule donner des renseignements à cet égard.

Vers l'extérieur de l'anneau libérien, les éléments
parenchymateux épaississent un peu leurs parois et les
glandes résinifères deviennent rares ; quelques éléments
fortement sclérifiés semblent séparer l'anneau libérien
d'une assise cellulaire extérieure dont l'épaisseur varie
en différents points.

Dans quelques échantillons, exceptionnellement com-

piets, nous avons pu retrouver les éléments libériens
primaires à la périphérie de l'anneau libérien qui entoure
la zone cambiale. Ces éléments forment quatre amas
mal délimités se confondant par leur face interne avec les
tissus libériens secondaires déjà très développés et présentent un certain nombre de cellules sclérifiées. Le plus
ordinairement sur les échantillons secs il n'est pas possible
de retrouver ces massifs libériens primaires qui ont été
rejetés déjà par la décortication, mais peut-être faut-il y
rapporter les quelques éléments sclérenchymateux que
l'on rencontre encore fréquemment à la limite du liber
et du tissu cortical. (fig. 11).

Nous décrirons ces éléments sclérifiés en parlant du
tissu cortical.

La région corticale est caractérisée, au premier aspect,
par l'absence de glandes résinifères. Elle est composée
d'un tissu parenchymateux dont les éléments se distinguent difficilement sur une coupe transversale de ceux
du parenchyme libérien secondaire. Mais, outre qu'on
n'y rencontre jamais de cellules grillagées, les coupes
radiales montrent que les cellules qui constituent ce tissu
sont beaucoup moins allongées que celles du parenchyme
libérien.

Toutefois, il n'y a pas entre ces deux tissus de limite
bien tranchée, car les cellules du parenchyme libérien les
plus voisines de l'extérieur se cloisonnant après coup
prennent l'aspect des cellules du tissu cortical. (fig.
11 et 12).

On passe donc insensiblement d'un tissu à l'autre.

En général on ne retrouve aucune trace de la gaîne
protectrice qui limitait extérieurement l'ensemble des
productions libériennes.

Dans l'assise corticale on rencontre des glandes cristallogènes, mais elles ne présentent pas, comme celles
des éléments parenchymateux du bois et du liber, des
séries verticales de mâcles cristallines.

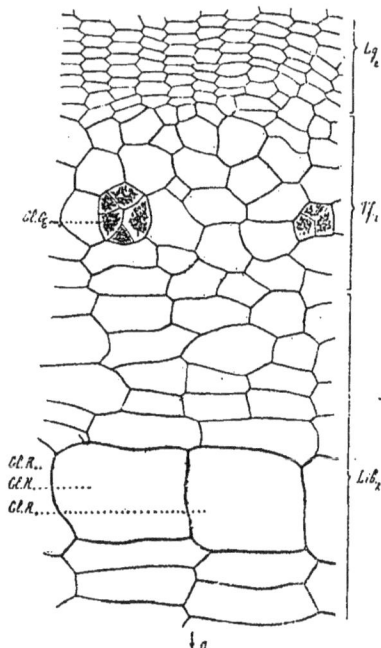

Fig. 12. — Section
radiale de la région su-
perficielle d'un tuber-
cule type de Jalap offi-
cinal.
Tf_2, tissu fondamen-
tal secondaire. Les au-
tres lettres comme pré-
cédemment.

Ces glandes sont en effet formées par des cellules
courtes qui ne peuvent contenir que de 1 à 5 mâcles,
mais toujours on peut observer les cloisons cellulosiques
qui subdivisent la cellule-mère en autant de loges qu'elle
renferme de mâcles. (fig. : 11 et 12)

C'est à la limite du liber et du tissu cortical que l'on
rencontre les éléments sclérifiés que nous avons men-
onnés en parlant des productions libériennes primaires.

Ces sclérites se rencontrent en nombre assez considérable
tant que l'organe conserve une forme à peu près cylindrique ; mais, ils deviennent d'autant plus rares que l'organe
se tubérise et finissent par manquer complétement.

La paroi des sclérites a une épaisseur considérable ;
quelquefois même la lumière de la cellule est presque
complètement obstruée. Par suite du développement des
différentes couches d'épaississement la paroi paraît composée de membranes très minces emboîtées l'une dans
l'autre et en contact intime.

Des ponctuations canaliculées traversent ces couches
concentriques d'épaississement.

La section radiale de ces éléments (fig. 13) montre
ces détails ; les canalicules coupés longitudinalement
apparaissent sous forme de rayons, tandis que les pores
que l'on remarque au fond de la cellule représentent la
section transversale de ces mêmes canaux.

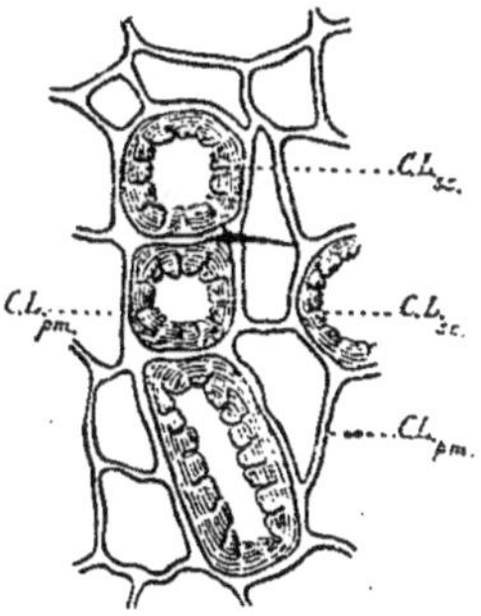

Fig. 13. — Section radiale d'un tubercule de Jalap officinal pratiquée au niveau A dans la région des sclerites.
C. L. *sc* , cellules libériennes sclérifiées. — C. L. *pm* , cellules libériennes
parenchymateuses.

On peut observer sur la même figure que certaines
cellules sclérifiées sont à peine plus longues que larges
tandis que d'autres atteignent deux fois la longueur
des éléments du parenchyme environnant.

Le tissu cortical est enveloppé par le revêtement subéreux qui constitue la surface extérieure de l'organe.

Ce revêtement est formé de 8 à 15 cellules.

La section de ces cellules est rectangulaire, leurs parois sont minces et fortement colorées en rouge brun.

En certains points, ce liége superficiel est directement en contact avec les cellules du tissu cortical, en d'autres, au contraire, il en est séparé par quelques éléments à parois très minces, incolores, cloisonnées tangentiellement (fig. 14.)

Tout nous porte à considérer ce tissu comme un cambiforme dont on voit dériver intérieurement le tissu cortical et extérieurement le liége.

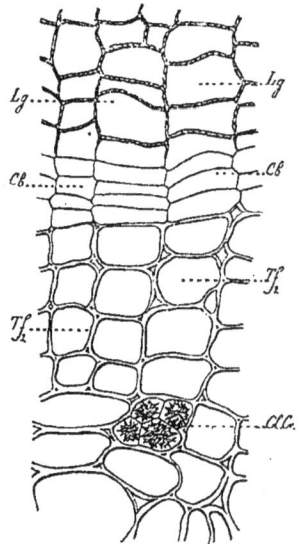

Fig. 14. — Portion grossie du bord d'une section transversale du tubercule de Jalap officinal dans sa région inférieure.

Cb, cambiforme. — Lg ; liège. — T/2, tissu fondamental secondaire.

La présence de ce cambiforme double qui produit à la fois du liége vers l'extérieur et du tissu fondamental

secondaire vers l'intérieur explique le mécanisme de
la décortication dont la surface de l'organe est le siége.

Il est infiniment probable que tout le tissu primitif qui
dans l'organe jeune séparait l'anneau libérien de la surface a depuis longtemps disparu et que l'assise corticale
que l'on observe est déjà constituée toute entière par le
tissu fondamental secondaire.

Au niveau de la section que nous décrivons, le liége
forme autour de l'organe un revêtement complet qui ne
semble interrompu que d'une manière accidentelle sous
l'influence de causes extérieures.

Si l'on excepte les éléments ligneux, les cellules actives
du cambium et celles du liége, tous les tissus de l'organe
sont gorgés d'amidon.

Certains échantillons renferment de l'amidon caractérisé sous forme de grains isolés ou agrégés par deux ou
par trois à hile punctiforme, rarement étoilé et à stries
d'épaississement visibles (fig. 15.)

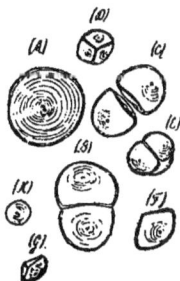

Fig. 15. Grains d'amidon de Jalap officinal type.
(A. B. C. D. E. F. G. H). Différents aspects.

Dans d'autres échantillons l'amidon se présente sous
forme d'amas où l'on reconnaît à peine la forme des grains;
il est transformé en empois et quelquefois tellement modi-
fié, qu'il ne donne plus par l'iode la coloration bleue de
l'amidon, mais bien la teinte rouge de la paracellulose.

Certains tubercules nous ont présenté dans leur partie centrale des grains d'amidon très nets et vers leur périphérie un empois rougissant par l'iode.

Ces modifications de l'amidon, si l'on accepte l'opinion de M. Handbury tiendraient à ce que certains échantillons sont séchés à l'air libre, tandis que d'autres sont suspendus dans un filet autour d'un âtre brulant, pendant plusieurs semaines avant d'être livrés au commerce.

CONCLUSION

La description anatomique qui précède nous permet de déterminer la nature morphologique de la région inférieure du tubercule de Jalap.

Il nous suffit, en effet, de mettre en évidence les rapports des productions primaires que nous y avons observées :

Au centre de l'organe, quatre lames ligneuses primaires convergentes dont les centres de développement Δ indiqués, par les trachées les plus grêles sont extérieurs.

La différenciation de chacune de ces lames ligneuses à marché *de chacun des centres de développement Δ vers le centre de figure C de l'organe*, comme le montre la succession des trachées (fig. 7.)

De là nous pouvons conclure que le centre de l'organe est occupé par un seul faisceau primaire tétracentre *dont le centre de figure γ coïncide avec le centre de figure C de l'organe* (1).

(1) Voir Bertrand, *Théorie du faisceau.*

De cette première conclusion nous pouvons déduire que l'organe en question est une racine à faisceau primaire tétracentre.

Comme faits secondaires venant justifier notre manière de voir nous ajouterons :

1º Que les restes de liber primaire se rencontrent près de la surface dans les plans bissecteurs des branches de l'étoile ligneuse primaire;

2º Que les massifs d'éléments ligneux secondaires caractérisés, les plus importants, sont situés dans les mêmes plans mais autour de l'étoile ligneuse primaire ;

3º Que la surface de l'organe dépourvue d'épiderme est constituée par un liége ;

4.º Que le tissu cortical dérive d'un cambiforme superficiel et rentre par conséquent dans la catégorie du tissu, fondamental secondaire.

CHAPITRE TROISIÈME

STRUCTURE DE LA RÉGION MOYENNE D'UN TUBERCULE
DE JALAP OFFICINAL.
MÉCANISME DE LA TUBÉRISATION

Il résulte de la description ci-dessus, que sans prétendre demander à des échantillons secs de droguerie, l'histoire complète du développement des tubercules de Jalap, nous avons réussi, pourtant, en multipliant les observations, à trouver des échantillons à l'extrémité inférieure desquels il était encore possible d'observer les lames ligneuses primaires et par conséquent de déterminer la nature morphologique de l'organe à ce niveau. C'est ainsi que nous avons pu conclure que l'extrémité inférieure des tubercules de Jalap présente la structure d'une racine.

Si de la partie tout à fait inférieure des tubercules nous nous élevons, au moyen de coupes transversales successives vers sa région la plus renflée, nous pourrons voir quels changements la tubérisation apporte dans l'organisation de la racine.

Au niveau B (fig. 1), la structure de l'organe présente déjà les modifications suivantes :

Les lames ligneuses primaires encore visibles sont écartées les unes des autres ; elles paraissent avoir été fortement déplacées par interposition d'un tissu parenchymateux secondaire semblable au parenchyme muriforme.

Les éléments ligneux secondaires durcis d'un même massif sont séparés les uns des autres par un tissu de même nature. Nous assistons donc, d'une manière générale à l'interposition de tissu parenchymateux secondaire entre les éléments du bois. Cette interposition de parenchyme secondaire a pour résultat d'écarter les massifs ligneux les uns des autres et de troubler profondément la structure première de la racine. (fig. 16).

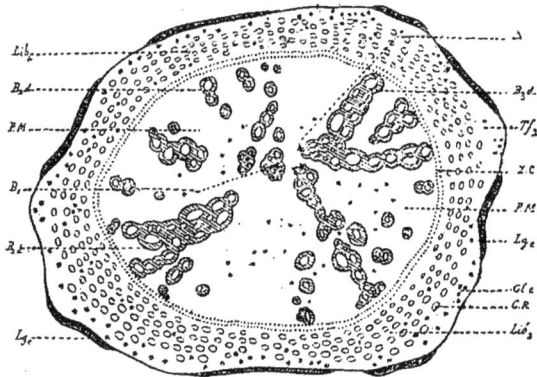

Fig. 16. — Section transversale d'ensemble de la région inférieure (niveau B) du tubercule de Jalap officinal.

Les lettres sont les mêmes que dans les figures précédentes

A ce même niveau B, l'anneau libérien extérieur se

différencie très peu du tissu cortical et en certains points,
les productions subéreuses superficielles sont directement
en contact avec le parenchyme libérien.

Si nous étudions plus en détail, chacune des régions
signalées, voici les principales variations que nous observons :

Les quatre lames ligneuses primaires ne sont plus
symétriquement disposées au centre de l'organe. Elles
sont rejetées un peu de côté. L'une d'elles se perd au sein
des fibres ligneuses secondaires où elle sera bientôt
écrasée ; un peu plus haut, il sera impossible de la
retrouver. Les trois autres lames primaires sont violem-
ment tiraillées et entraînées chacune à la suite d'un lobe
de bois secondaire ; elles vont disparaître graduellement
à mesure qu'on s'élèvera vers la région renflée des
tubercules. (fig. 17).

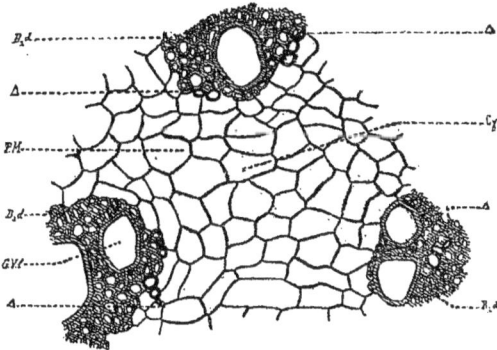

Fig. 17. Région centrale de la figure 16 grossie.

La masse parenchymateuse qui s'est interposée entre
les lames ligneuses augmente de plus en plus ; il semble
que de nouveaux cloisonnements s'y soient produits.

Au voisinage des massifs de bois secondaire. on voit, en effet, que des cloisonnements nouveaux, se produisent parallèlement a la surface extérieure des massifs.

En même temps, la zone cambiale fournit vers l'intérieur, une plus grande proportion de parenchyme muriforme. Il résulte de cette double source d'accroissement : fonctionnement de la zone cambiale et recloisonnement des tissus parenchymateux que l'organe augmente très rapidement de volume.

Le tissu fondamental, secondaire, superficiel suit l'accroissement des éléments du faisceau en hypertrophiant ses éléments et en les cloisonnant radialement. (fig. 18).

Le même fait se produit dans le liège superficiel.

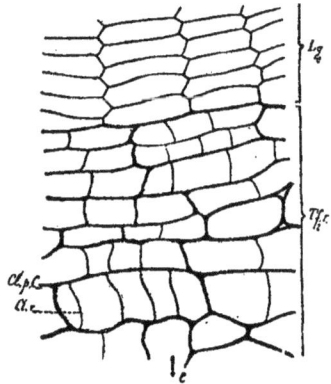

Fig. 18. — Portion d'une section transversale grossie des tissus superficiels du tubercule de Jalap dans sa région moyenne.
Recloisonnement des cellules du tissu fondamental secondaire. Tf₂ r, tissu fondamental secondaire recloisonné. Cl. p. C, cloison primitive de la cellule. — Cl. r, cloison récente.

Jusqu'au niveau C, aucune autre modification n'intervient. Dans l'intervalle, on assiste à l'extinction complète des lames trachéennes ; elles ont été tellement tiraillées et aplaties qu'il devient impossible de les retrouver.

Il en résulte que, sur une section isolée, pratiquée à ce niveau, il serait déjà impossible de déterminer d'une façon certaine, la nature morphologique de l'organe. Ce fait montre, une fois de plus, combien il est important, en anatomie d'étudier un organe sur toute son étendue.

Au niveau C, on observe d'importantes modifications :

Les cloisonnements du parenchyme interposé entre les massifs ligneux ont fortement écarté ces massifs les uns des autres. Ces cloisonnements qui, nous l'avons dit, se font au voisinage des massifs ligneux, parallèlement à leur surface, sont très actifs et constituent autour de chaque lobe de bois isolé, une véritable zone génératrice. (fig. 19). Les cellules à parois minces qui résultent de ces cloisonnements tangentiels, ressemblent absolument à celles que nous avons décrites en parlant de la zone cambiale du faisceau.

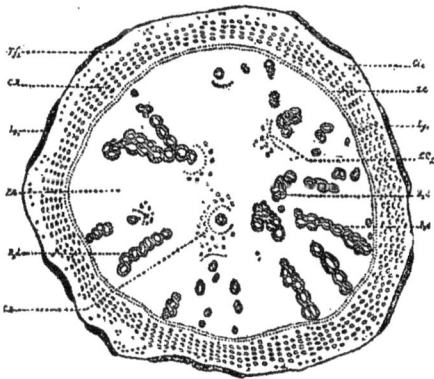

Fig. 19. — Section transversale d'ensemble du tubercule de Jalap officinal pratiquée au niveau C.
Z.C$_2$, zone cambiale secondaire.

Leur fonctionnement est d'ailleurs le même, les cellules les plus voisines des massifs ligneux augmentent simple-

ment de volume et prennent finalement l'aspect du parenchyme muriforme avant son recloisonnement, les plus
extérieures, au contraire, fournissent les mêmes éléments
caractérisés que nous avons signalés dans l'anneau
libérien, extérieur à la zone cambiale, c'est-à-dire des
cellules grillagées, des glandes cristallogènes et des
cellules à résine.

La figure 20, montre le début de ces productions
nouvelles autour d'un vaisseau ligneux isolé.

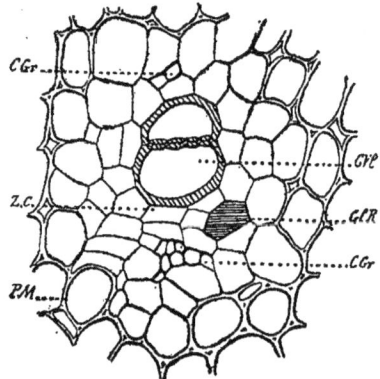

Fig. 20. — Section
transversale d'un îlot
ligneux secondaire dur-
ci au moment de l'ap-
parition des recloison-
nements du parenchy-
me muriforme.

Vers la partie inférieure de la figure, on voit qu'un
des nouveaux éléments produits par le cloisonnement
tangentiel des cellules du parenchyme a fourni par
recloisonnement longitudinal des cellules grillagées.

Un autre élément s'hypertrophie et indique la formation
d'une glande résinifère ; enfin, une mâcle d'oxalate de
chaux, montre qu'il s'est formé dans une cellule voisine
une glande cristallogène.

Indépendamment des éléments ainsi caractérisés, il se

forme encore extérieurement du parenchyme indifférencié tout comme dans le liber extérieur.

Vers le haut de la figure, la zone génératrice nouvelle n'est encore indiquée que par quelques cloisonnements tangentiels à la surface du vaisseau ligneux.

En C′, les cloisonnements que nous venons de signaler, deviennent plus actifs et fournissent à leur tour, de nombreux éléments.

Les cellules comprises entre un massif ligneux et les nouvelles productions libériennes ainsi produites, conservent longtemps la propriété de se cloisonner tangentiellement; elles continuent à fournir vers le massif ligneux du parenchyme muriforme, vers l'intérieur des cellules grillagées et des glandes cristallogènes et résinifères.

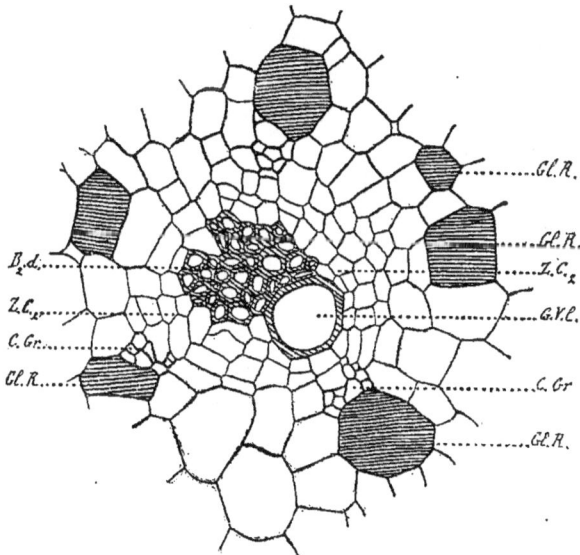

Fig. 21. — Section transversale d'un massif ligneux secondaire durci, isolé par une zone cambiale secondaire.

La figure 24, montre l'aspect final que présente un massif ligneux ainsi entouré de productions nouvelles.

Il est à remarquer que les cellules grillagées apparaissent n'importe ou tout autour du massif ligneux, c'est-à-dire qu'elles ne présentent pas d'orientation par rapport au centre de l'organe. Elles sont toujours extérieures à la zone génératrice qui entoure chaque massif ligneux.

Ces cellules grillagées vues en coupe transversale et en coupe radiale sont absolument semblables à celles du liber extérieur. Il en est de même des glandes cristallogènes, et résinifères.

Les éléments que les nouvelles zones génératrices produisent vers la surface des massifs ligneux restent comme nous l'avons dit plus haut, à l'état de parenchyme muriforme.

Chaque lobe ligneux, est ainsi entouré de quelques rangs de cellules qui se gorgent d'amidon et augmentent la capacité du réservoir alimentaire que le tubercule doit fournir à la plante.

Isolés, pour ainsi dire, au sein des nouveaux tissus, les éléments ligneux qui occupent la région centrale de l'organe ne sont plus aptes à remplir leur rôle et il n'y a plus de véritablement actifs que ceux qui sont encore au voisinage de la zone cambiale.

Pendant cette intercalation de nouveaux tissus, la zone cambiale n'a pas cessé de fonctionner ; elle produit de temps en temps quelques éléments ligneux qui se durcissent et se caractérisent, extérieurement elle fournit toujours du liber secondaire.

Les cellules à résine sont d'autant plus nombreuses dans cette dernière région qu'on s'approche davantage de la partie la plus renflée du tubercule

Pour suivre la rapide augmentation de volume de l'organe, le liège et le tissu fondamental secondaire se cloisonnent toujours radicalement.

En certains points le cambiforme fournit une très grande quantité de tissu fondamental secondaire. Ce tissu exerce alors une pression contre le liège superficiel et en détermine la rupture, La portion de tissu fondamental secondaire qui se trouve faire saillie à la surface de l'organe se subérise.

Telle est l'origine de ces petites excroissances brun-clair allongées transversalement que l'on observe à la surface des tubercules de Jalap et qui sur les beaux échantillons sont disposées en cercles parallèles dans les points ou le volume du tubercule augmente ou diminue rapidement.

Accidentellement une lame plus ou moins importante de tissu fondamental secondaire se subérise et emporte toute la portion de tissu qui lui est extérieure. C'est ainsi que se forment ces larges cicatrices que l'on observe quelquefois à la surface des tubercules de Jalap (fig. 1, *cic.*)

Jusqu'au niveau C' les modifications que nous avons indiquées s'accentuent, chaque lobe de bois secondaire, à l'exception de ceux qui sont encore contre la zone cambiale devenant le siège de productions nouvelles, mais à partir de ce point le procédé se généralise encore davantage.

Une lame quelconque de parenchyme muriforme se cloisonne tangentiellement à une surface virtuelle quelconque et enveloppe parfois une partie très importante des tissus ligneux secondaires avec les productions nouvelles qui les entourent (fig. 22).

Les régions ainsi englobées sont isolées par quelques rangs de cellules qui restent parenchymateuses des productions libériennes que fournit sur l'autre face la lame de tissu générateur.

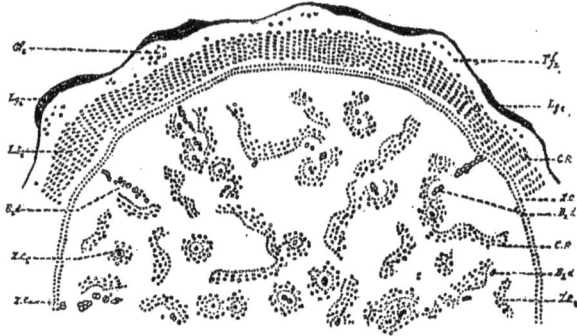

Fig. 22. — Portion d'une section transvérvale d'ensemble du tubercule de Jalap officinal pratiquée dans une région renflée (Niveau C′).
Les lettres sont les mêmes que dans les figures précedentes.

Ces lames se comportent, en effet, comme les zones que nous avons observées autour des massifs ligneux secondaires, et donnent comme elles des cellules grillagées, des glandes cristallogènes et des cellules à résine.

A mesure que l'on approche du niveau D (fig. 1) qui correspond à la partie la plus renflée du tubercule, on voit le nombre de ces lames augmenter de plus en plus ; on observe même que parfois plusieurs lames se réunissent pour isoler une portion considérable de l'organe.

A partir du point D où le développement des nouveaux tissus atteint son maximum, on voit inversement les lames parenchymateuses à cloisonnements tangentiels decroître à mesure qu'on s'élève.

Nous étudierons plus loin d'une manière spéciale la partie supérieure du tubercule, mais ce que nous avons vu jusqu'ici, nous rend compte du procédé de tubérisation qu'emploie l'organe que nous étudions et nous permet de comprendre et d'expliquer l'aspect extérieur que nous ont présenté à l'œil nu les sections transversales de nos tubercules (Fig. 4, (A, B, C, D.)

La ligne sombre ondulée qui limite extérieurement les sections est formée par le liége superficiel.

La zone brune continue voisine de la surface représente la zone cambiale et les jeunes cellules libériennes fortement comprimées par la dessiccation.

L'anneau plus clair compris entre la zone brune et la surface n'est autre que l'anneau libérien au sein duquel les points noirs brillants disposés en cercles concentriques représentent les cellules à résine qui se succèdent régulièrement à partir de la zone cambiale jusque près de la surface et qui sont d'autant plus nombreuses qu'elles sont plus voisines de la zone cambiale.

La masse qui constitue le cylindre intérieur est formée par le parenchyme muriforme plus ou moins recloisonné qui entoure les productions ligneuses caractérisées.

Enfin les lignes ondulées que l'on observe sur les sections pratiquées dans les régions les plus renflées des tubercules sont dues aux lames de parenchyme recloisonné qui comprennent des régions importantes de l'organe.

Ces lignes sont rendues visibles surtout par les points brillants qui représentent les cellules à résine, dont sont criblées les régions recloisonnées.

Comme il n'y a rien de fixe, ni dans le nombre ni dans

la disposition de ces lames, on comprend quelles variétés d'aspect peuvent présenter dans les régions renflées, les sections transversales des tubercules.

CONCLUSION

Nous pouvons conclure de ce que précède :

1° Que le renflement considérable de la région moyenne des tubercules de Jalap est due :

  1° A l'activité de la zone cambiale externe;

  2° A l'interposition dans les tissus existant de lames ou zones génératrices qui produisent d'un côté (contre le bois durci) du parenchyme muriforme, de l'autre du liber secondaire avec des glandes résineuses et cristallogènes.

2° Que les variations très apparentes que l'on observe à l'œil nu entre les coupes successives prises à des niveaux de plus en plus élevés d'un tubercule est, dans cette région du moins, le résultat du mécanisme spécial de la tubérisation ;

3° Que les différences d'aspect que présentent les sections pratiquées vers les mêmes niveaux sur des tubercules différents tiennent à la disposition très variable des lames génératrices qui peuvent apparaître n'importe où dans le parenchyme muriforme.

CHAPITRE QUATRIÈME

STRUCTURE DE LA RÉGION SUPÉRIEURE D'UN TUBERCULE DE JALAP OFFICINAL.
PASSAGE DE LA RÉGION SUPÉRIEURE A LA RÉGION MOYENNE

Dans les chapitres précédents nous avons étudié la structure d'un tubercule type de Jalap officinal en partant de son extrêmité tout-à-fait inférieure et en nous élevant successivement jusqu'au point qui correspond à sa région la plus renflée. Nous allons maintenant, pour compléter l'étude de ce même tubercule , examiner la structure qu'il présente à sa partie supérieure.

Dans cette seconde partie de notre étude nous suivrons un ordre inverse de celui que nous avions adopté dans les précédents chapitres ; nous partirons de l'extrêmité tout-à-fait supérieure du tubercule et nous descendrons peu à peu de ce point extrême jusque vers la région la plus renflée.

Si nous pratiquons une section transversale à la partie tout-à-fait supérieure de notre tubercule type de Jalap officinal au niveau G (fig. 1) par exemple nous observons en ce point la structure générale suivante : (fig. 23).

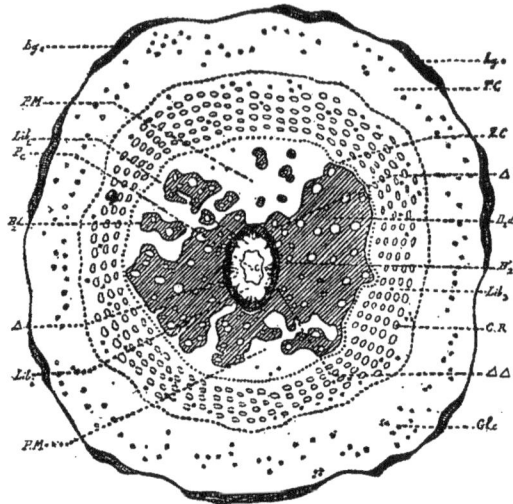

Fig. 23. Section transversale d'ensemble de la région supérieure (niveau G) du tubercule de Jalap officinal. B₂′, bois secondaire de première formation. — P$_c$, parenchyme central. — *Lib*$_1$, liber interne. Les autres lettres comme précédemment.

1° Vers le centre de l'organe une zone formée par des éléments ligneux primaires reconnaissables à leurs parois peu épaissies, fortement colorées en jaune.

2° Une masse centrale de tissu fondamental, reliée à la zone ligneuse primaire par une bande libérienne qui représente le liber intérieur.

3° Tout autour de la zone de bois primaire un anneau ligneux secondaire dont les massifs d'éléments durcis semblent comme déchiquetés. Ces îlots de bois durci

sont séparés les uns des autres par des lames parenchymateuses.

4° Extérieurement à l'anneau ligneux secondaire une
zone cambiale mal délimitée.

5° Une zone libérienne plus épaisseque celle que nous
avons observée à la partie inférieure du tubercule et qui
enveloppe extérieurement la zone cambiale.

6° Une assise très développée de tissu cortical qui
sépare la zone libérienne du liége superficiel qui constitue
la surface extérieure de l'organe.

Reprenons en détail chacune de ces régions.

La masse ligneuse primaire forme une zone annulaire
continue autour du centre de l'organe et à une certaine
distance de ce centre. Elle est formée d'un grand nombre
de lames rayonnantes groupées en faisceaux. Chaque
groupe est mal délimité de telle sorte qu il ne nous a pas
été possible d'en déterminer le nombre.

Chaque lame de bois primaire comprend trois ou quatre
trachées contiguës disposées radialement. Leurs parois
sont minces et fortement colorées.

La trachée la plus grêle est la plus interne ; la plus
grande, au contraire, est la plus extérieure. Les trachées
les plus internes sont déroulables, les plus extérieures
passent aux vaisseaux annelés et rayés. Les éléments
ligneux primaires les plus extérieurs consistent en vaisseaux scalariformes grêles. (fig. 24).

*La différenciation des éléments ligneux primai-
res a donc marché dans une direction Δγ qui
passe bien par le centre de l'organe, mais qui
laisse le point Δ entre le centre C de l'organe et la
lame ligneuse primaire.*

La masse de tissu fondamental qui occupe le centre de l'organe est constituée par des cellules parenchymateuses au sein desquelles on observe des cellules à résine plus petites et plus irrégulières que celles du liber extérieur et quelques glandes cristallogènes semblables à celles que nous avons observées dans la région corticale à la partie inférieure du tubercule.

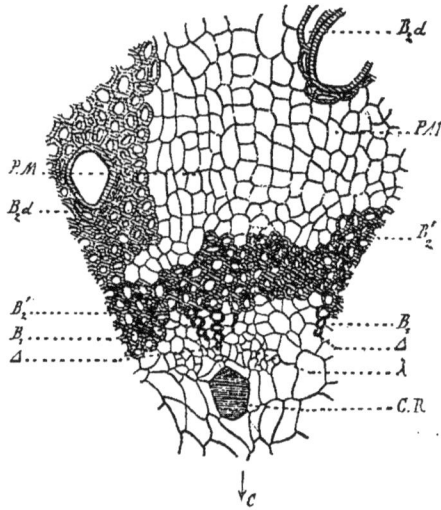

Fig. 24. — Portion grossie, dans la région du bois primaire, de la figure 23.

B_1, bois primaire. — B_2', bois secondaire de première formation. — B_2d, bois secondaire durci. — l, liber intérieur.

Très généralement, cette masse de tissu fondamental présente vers son milieu une déchirure assez considérable.

La bande libérienne interne qui relie la masse centrale de tissu fondamental à la zone de bois primaire est caractérisée par des cellules grillagées identiques à celles que nous avons décrites dans les régions libériennes, à la partie inférieure du tubercule. Elles sont surtout abondantes vis-à-vis des faisceaux plus ou moins nettement indiqués par les lames ligneuses primaires et forment en ces points des massifs plus considérables que partout ailleurs. (fig. 24).

Dans l'anneau ligneux secondaire, il y a lieu de distinguer deux zones.

1º Une zone interne intimement appliquée contre le bois primaire et formant autour de lui une enveloppe continue. Cet assise est caractérisée par l'absence de grands vaisseaux ; c'est le bois secondaire de première formation, nous le désignons par B'_2 (fig. 23 et 24).

2º Une zone externe composée de massifs d'éléments ligneux durcis et de parenchyme muriforme. La masse ligneuse secondaire externe est, en effet, découpée par des lames de tissu parenchymateux qui ne diffère pas de celui que nous avons désigné précédemment sous le nom de parenchyme muriforme. Les massifs ligneux durcis séparés les uns des autres par ces lames parenchymateuses sont caractérisés par de grands vaisseaux ligneux. Leurs éléments sont d'ailleurs semblables à ceux des massifs ligneux durcis que nous avons décrits en détail à la partie inférieure du tubercule. Nous ne croyons pas devoir y revenir.

Au voisinage de la zone cambiale on observe dans le parenchyme muriforme des glandes cristallogènes semblables à celles que nous avons rencontrées jusqu'ici dans le même tissu.

La zone cambiale forme un cercle continu autour de l'anneau ligneux secondaire et présente partout la même épaisseur. Elle est représentée par quatre ou cinq rangs de cellules cloisonnées tangentiellement et qui se distinguent à la faible épaisseur de leurs parois et à leur non-différenciation en éléments ligneux ou libériens secondaires. Cette zone passe d'ailleurs insensiblement vers l'intérieur au parenchyme muriforme vers l'extérieur aux cellules libériennes secondaires de sorte qu'il faut quelqu'attention pour la délimiter.

L'anneau libérien secondaire ne diffère pas de celui que nous avons rencontré à la partie inférieure du tubercule ; les cellules grillagées y semblent pourtant plus abondantes. Les glandes cristallogènes et les cellules à résine y sont très nombreuses et ne diffèrent pas de celles que nous avons étudiées précédemment.

On observe encore des éléments libériens primaires à la périphérie de l'anneau libérien secondaire. Ils ne se distinguent des éléments libériens secondaires que par l'épaisseur plus considérable de leurs parois et par les recloisonnements radiaux de leurs cellules les plus extérieures. Jamais nous n'y avons observé de sclérites comme dans les régions correspondantes, à la partie inférieure du tubercule.

On passe insensiblement des éléments libériens primaires recloisonnés radialement à l'assise corticale qui les sépare des productions subéreuses superficielles.

Si l'on observe attentivement la zone corticale , on remarque contre le liber primaire, et en certains points seulement , quelques cellules collenchymateuses parmi lesquelles on observe des glandes résinifères plus petites et plus irrégulières que celles du liber et semblables à celles que nous avons signalées dans le tissu fondamental qui occupe le centre de l'organe.

Au delà s'étend un tissu à parois minces que l'on voit dériver de l'activité d'un cambiforme semblable à celui que nous avons observé vers la surface de la partie inférieure du tubercule et qui fournit comme lui du liége vers l'extérieur et du tissu fondamental secondaire vers l'intérieur.

Dans l'assise corticale formée par ce tissu fontamental secondaire, on n'observe pas de cellules à résine.

Les cellules collenchymateuses que nous avons signalées à la limite de l'anneau libérien primaire et du tissu fondamental secondaire et parmi lesquelles nous avons observé des glandes résineuses différentes de celles que nous avons toujours rencontrées dans le liber, ne seraient-elles pas les derniers vestiges du tissu fondamental primaire?

Les productions subéreuses superficielles sont semblables à celles que nous avons étudiées à la partie inférieure du tubercule. Nous ne nous y arrêterons pas.

Nous pouvons déjà conclure de la description de cette section pratiquée à la partie supérieure du tubercule que l'organe présente à ce niveau, la structure d'une tige.

La disposition du bois primaire nous montre, en effet, que *la différenciation des lames ligneuses place ces lames dans une direction ΔC, qu'elle laisse Δ entre elles et C et que le nombre des lignes ΔC est supérieur à un.*

La présence au centre de l'organe d'une masse de tissu fondamental reliée à la zone de bois primaire par une région libérienne caractérisée confirme cette conclusion.

L'organe présente donc une couronne de faisceaux primaires monocentres, larges, à liber intérieur très développé.

Ces faisceaux se sont réunis en s'étendant latéralement.

Nous ne pouvons en déterminer le nombre, mais la différenciation de leurs éléments primaires, nous permet de déduire qu'ils appartiennent à une tige.

Si la partie inférieure du tubercule présente la structure d'une racine et la partie supérieure celle d'une tige, il y a lieu de se demander si entre ces deux structures extrêmes, dans l'intervalle qui les sépare n'existe pas une région de passage. Pour cela descendons de la partie supérieure du tubercule au moyen de coupes successives vers sa partie moyenne de façon à gagner le niveau où nous nous sommes arrêtés à la fin du chapitre précédent.

Presqu'immédiatement après la section que nous venons de décrire, on arrive dans la région où nous avons signalé deux cicatrices latérales symétriques rappelant des points de sortie d'appendices. Cette région est très souvent altérée et il est assez difficile d'en obtenir de bonnes sections.

Nous avons réussi pourtant, non sans quelque patience, à obtenir sur le même échantillon un certain nombre de coupes successives qui nous ont permis d'arriver à déterminer la signification de ces cicatrices.

Dès la coupe qui succède à celle que nous avons étudiée ci-dessus, on constate que les productions ligneuses durcis tendent à se condenser en deux directions opposées tandis que les deux directions perpendiculaires vont être bientôt exclusivement occupées par du parenchyme muriforme.

La zone ligneuse secondaire voisine des lames primaires, B'₂, c'est-à-dire cette région formée de petits éléments et qui entourait complètement les productions ligneuses primaires est elle-même coupée par du parenchyme qui vient s'interposer dans deux points opposés.

Les productions ligneuses primaires ne forment plus un cercle continu autour de la région centrale de l'organe, mais deux arcs opposés qui embrassent incomplètement cette région.

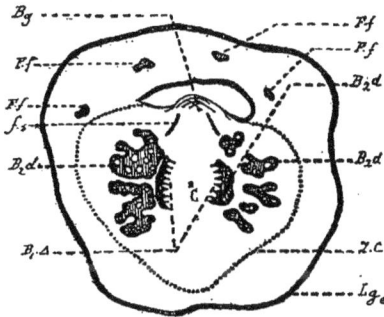

Fig. 25.— Section transversale d'ensemble pratiquée à la partie supérieure du tubercule de Jalap officinal (niveau des cicatrices latérales).

Bg, bourgeon.— Ff, faisceaux foliaires. — f.s, faisceaux sortants dans le bourgeon. (Dans cette figure, ainsi que dans les deux suivantes, les cellules à résine n'ont pas été représentées dans l'anneau libérien extérieur. Cette région ne présente d'ailleurs aucune modification).

A un niveau un peu inférieur (fig. 25), on reconnaît la cause de cette disposition : Les arcs ligneux sont plus écartés l'un de l'autre et l'on remarque extérieurement à la zone cambiale, mais d'un seul côté, quatre faisceaux sortis dans un appendice qui n'est pas encore détaché de l'axe. Du même côté on observe dans le parenchyme muriforme deux faisceaux en train de sortir dans un bourgeon, situé à l'aisselle de l'appendice.

A quelques coupes de distance, on voit les mêmes faits se reproduire du côté opposé, accusant ainsi une très légère avance d'un côté sur l'autre.

Il résulte de ces faits :

1° Que les cicatrices latérales symétriques que l'on observe à la partie supérieure des tubercules types de Jalap (fig. 1, I) représentent les traces de deux appendices qui sortent presque au même niveau ;

2° Que chaque appendice reçoit quatre faisceaux ;

3° Qu'à l'aisselle de chaque appendi e naît un bourgeon qui se met en rapport avec les faisceaux de la partie supérieure du tubercule par deux faisceaux.

Un peu plus bas, on voit les faisceaux que nous venons d'indiquer sortant dans les appendices et les bourgeons, au sein du parenchyme muriforme, entre les arcs ligneux qui s'écartent de plus en plus l'un de l'autre.. Ces faisceaux sortants sont primaires et composés uniquement de quelques trachées déroulables et de quelques vaisseaux annelés et rayés.

La trachée la plus grêle est toujours la plus interne et à partir de cette trachée on voit se succéder règulièrement vers la surface, une ou deux trachées de plus en plus grandes, puis les vaisseaux annelés et rayés.

La localisation des éléments ligneux durcis en deux directions opposées explique la forme elliptique que présente dens ces régions la section transversale du tubercule (fig. 4 (B.)

Sous l'influence de la dessiccation, le tissu parenchymateux s'est affaissé, tandis que le tissu ligneux durci a mieux résisté.

Au niveau des sorties, la région centrale tiraillée de toutes parts se déchire fréquemment, c'est là l'origine du vide central que l'on observe souvent à la partie supérieure du tubercule.

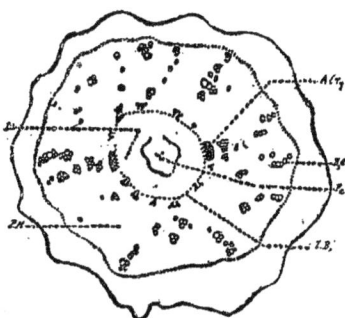

Fig. 26. — Section transversale d'ensemble du tubercule type de Jalap officinal. (Niveau E).

Z. B , zone au pourtour de laquelle sont disposés les petits faisceaux primaires destinés aux appendices.

A*l*T*g* , Arc ligneux de la tige principale.

Plus bas, au niveau E, (fig. 26) les massifs ligneux durcis sont dispersés en lobes nombreux, séparés par le parenchyme muriforme et l'on n'observe plus leur condensation en deux directions opposées. Ils occupent tout le pourtour de l'anneau ligneux secondaire. La région centrale ne renferme pas de massifs ligneux.

Les arcs de bois primaire que nous avons vu s'écarter de plus en plus l'un de l'autre sont maintenant placés aux extrémités d'un diamètre du cylindre parenchymateux central, dont les trachées que nous avons vu sortir plus haut occupent la circonférence.

Le volume des arcs ligneux primaires diminue graduellement à mesure que l'on descend.

La région centrale comprise à l'intérieur de l'anneau

formé par les éléments ligneux primaires se distingue du parenchyme muriforme environnant parce qu'elle présente surtout à la base des deux arcs ligneux principaux, des massifs libériens caractérisés.

Autour des massifs de bois secondaire durci, isolés dans le parenchyme muriforme, on commence à voir s'établir des zones de recloisonnement qui fonctionnent absolument comme celles que nous avons observées dans la région inférieure et moyenne du tubercule.

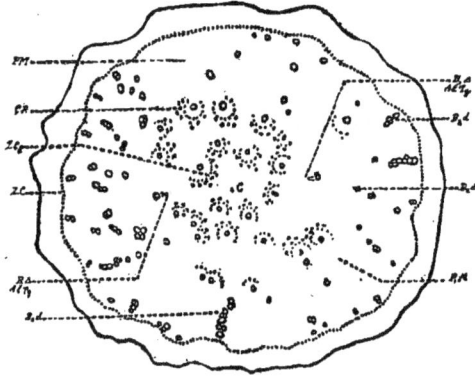

Fig. 27. — Section transversale d'ensemble du tubercule type de Jalap officinal au niveau E′.

Au niveau E′, (fig. 27) les îlots trachéens destinés aux appendices n'existent plus ; seuls, les deux arcs ligneux qui nous ont fourni la tige sont encore visibles, mais très réduits. On les voit naître, sous forme de trachées grêles à la partie interne d'un lobe de bois durci. (fig. 28). En même temps, les massifs ligneux secondaires durcis, de plus en plus disséminés, grâce au cloisonnement du parenchyme muriforme qui les environne, ne respectent plus la partie centrale de l'organe et viennent s'y loger. Les recloisonnements du parenchyme ont déjà fourni de nombreux produits.

Un peu plus bas, on ne retrouve plus trace d'éléments ligneux primaires.

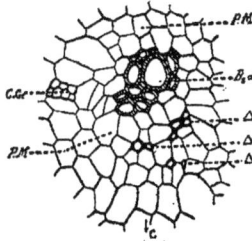

Fig. 28. — Portion grossie de la figure 27.
Trachées à la face interne d'un lobe ligneux durci.

Jamais nous n'avons rencontré dans ces régions de passage de lames ligneuses primaires à développement dirigé de Δ vers C, c'est-à-dire que nous n'avons pas vu d'une manière évidente, la mise en rapport des éléments ligneux primaires de la tige avec les éléments ligneux primaires de la racine. Nous devions d'ailleurs prévoir le fait puisque dès la région inférieure de la racine, nous avons vu ses productions ligneuses primaires disparaître très rapidement par écrasement.

Si l'on continue à descendre, on voit les zones de recloisonnement devenir de plus en plus nombreuses et se disperser n'importe où dans le parenchyme qui enveloppe les massifs d'éléments ligneux durcis. Jusqu'au niveau D, où nous nous sommes arrêté à la fin du chapitre précédent, on n'observe aucune autre modification, qu'une augmentation graduelle dans le nombre et l'importance de ces zones de recloisonnement.

CONCLUSION

La partie supérieure du tubercule type de Jalap officinal présente la structure d'une tige de gamopétale convolvulacée. En descendant de cette région vers la partie inférieure du tubercule, on voit :

1° L'indication d'une paire d'appendices foliaires opposés , qui portent dans leur aisselle , chacun un bourgeon qui, généralement s'est développé. (La présence d'appendices foliaires s'ajoute à la structure pour affirmer que la partie supérieure du tubercule est bien une tige.)

2° Que les productions primaires de la tige s'éteignent et disparaissent même complètement. Nous sommes donc vers une terminaison inférieure de tige principale. La tige est donc une tige principale. Les appendices sont ses cotylédons et leurs bourgeons axillaires répondent à des rameaux rampants.

3° Cette région inférieure de la tige a ses productions secondaires directement en continuation avec celles d'une racine principale tubérisée. L'hypertrophie a porté sur la terminaison inférieure d'une tige principale et sur la région d'insertion de la racine principale sur cette extrémité.

4° L'organe se termine dans la racine principale, dont la région d'insertion est hypertrophiée. La structure de cette région est considérablement modifiée par les recloisonnements secondaires du parenchyme muriforme.

CONCLUSION GÉNÉRALE

DES CHAPITRES II, III ET IV.

La partie hypertrophiée comprend dans les tubercules types du Jalap :

1° La base de la tige principale ;

2° L'axe hypocotylé ;

3° La région d'insertion de la racine sur l'axe hypocotylé ;

4° La partie supérieure de la racine principale.

CHAPITRE CINQUIÈME

VARIATION DE STRUCTURE DES DIFFÉRENTES VARIÉTÉS DE TUBERCULES DE JALAP OFFICINAL ET DES DIFFÉRENTES ESPÈCES DE JALAP

L'étude détaillée que nous venons de faire d'un tubercule type de Jalap officinal nous permettra d'abréger beaucoup la description des autres variétés de tubercules, les éléments histologiques restant identiques chez toutes.

Les tubercules de Jalap de la seconde variété offrent, à partir de l'une de leurs extrémités jusqu'à leur région la plus renflée, la même structure que la moitié inférieure d'un tubercule type. Cette région des tubercules de seconde catégorie répond donc à une racine tubérisée.

L'autre extrémité de ces tubercules présente une structure que reproduit la structure plus ou moins condensée de la racine type. En aucun point on n'y observe quoi que ce soit qui rappelle ce que nous avons rencontré dans la région supérieure des tubercules types.

Une seule des extrémités de ces tubercules de seconde catégorie, l'extrémité inférieure, présente les lames li-

gneuses primaires qui permettent de caractériser l'organe
comme racine.

Comme ces lames ligneuses primaires ne persistent
intactes que très peu de temps, écrasées qu'elles sont à
peu de distance de la partie inférieure du tubercule, on
conçoit qu'on ne les retrouve pas plus haut.

Nous sommes donc amenés à considérer cette seconde
variété de tubercules qui présentent sur toute leur étendue
la même structure que nos tubercules types dans leurs
régions inférieure et moyenne comme des racines
tubérisées.

L'examen des tubercules que nous avons groupés
dans notre troisième variété, c'est-à-dire des tubercules
secondaires nés sur d'autres tubercules nous conduit à
la même conclusion. On retrouve toujours à leur extrémité inférieure amincie les quatre lames ligneuses primaires symétriques qui caractérisent la racine. La structure de leur partie supérieure indique toujours une large
surface d'insertion ; elle correspond, du reste, à la
structure de l'extrémité supérieure des tubercules de
seconde variété.

Les tubercules de la quatrième variété que l'on rencontre dans les grabeaux ne nous ont présenté aucune
différence de structure avec ceux de la deuxième et de
la troisième variété.

Nous pouvons donc conclure que les tubercules de seconde troisième et quatrième catégorie représentent des racines tuberisées d'ordres différents; soit des racines adventi-
ves nées sur des rameaux souterrains ; soit des racines

secondaires, peut-être même tertiaires, nées sur des racines principales.

L'analogie de structure que l'examen à l'œil nu nous avait révélée est donc pleinement confirmée par l'examen microscopique.

Les tubercules de la cinquième variété diffèrent essentiellement de tous les autres. Ils présentent quelques particularités qui méritent de fixer notre attention et sur lesquelles nous demandons la permission d'insister.

Ces tubercules fusiformes présentent à leurs deux extrêmités amincies, comme d'ailleurs nous l'avons observé à l'œil nu, la même structure que les fragments cylindriques qui les accompagnent dans les grabeaux.

En réalité ce sont des fragments cylindriques tubérisés et la structure de leurs extrêmités étant celle que présentent sur toute leur étendue les fragments cylindriques nous pouvons laisser ces derniers absolument de côté.

Nous pouvons résumer ainsi la structure d'une section transversale pratiquée à l'une des extrêmités de l'un de ces tubercules de cinquième variété. (fig. 29).

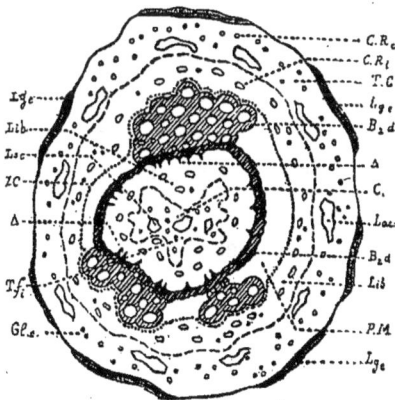

Fig. 29. — Section transversale d'ensemble des fragments cylindriques du Grabeau ou des extrémités des tubercules de 5me variété.

Tf_i, tissu fondamental intérieur. — Lac., lacune.

1º Une zone de bois primaire composée de lames trachéennes en tout point semblables à celles que nous avons observées à la partie supérieure des tubercules types c'est-à-dire à différenciation extérieure, le centre de développement Δ de chaque lame étant compris entre le centre de figure γ du faisceau et le centre de figure C de l'organe.

Cette zone ligneuse primaire entoure :

2º Une région centrale importante, formée tout-à-fait au centre de tissu fondamental et vers la périphérie contre les lames ligneuses primaires de liber caractérisé.

3º Extérieurement à la zone de bois primaire, s'étend une zone de bois secondaire qui présente trois massifs importants d'éléments durcis.

4º Une zone cambiale circulaire limite l'anneau ligneux secondaire.

5º Une zone libérienne secondaire épaisse enveloppe extérieurement la zone cambiale.

6º Une assise de tissu cortical sépare l'anneau libérien secondaire externe de la lame subéreuse qui constitue le revêtement superficiel de l'organe.

Examinons en détail, chacune de ces régions : (fig. 30).

La structure de la zone ligneuse primaire est la même que celle de la tige principale qui termine supérieurement les tubercules types. Les lames trachéennes sont toutefois plus écartées les unes des autres. Elles sont plus rapprochées dans les points qui correspondent aux masses ligneuses secondaires durcies.

Le tissu fondamental qui occupe le centre de l'organe est formé de grandes cellules parenchymateuses, au sein

desquels, on observe quelques cellules à résine, plus
petites et plus irrégulières que celles du liber.

Fig. 30. — Portion gros-
sie d'une région de la figure précédente, corres-
pondant à un des points
où le bois secondaire de
seconde formation ne s'est
pas développé.

Tf_2 *col.*, tissu fondamental secondaire collenchy-
mateux. — Tf *pm*, tissu
fondamental parenchyma-
teux. — Z. C_e, zone cambiale externe. — Z. C_l,
zone cambiale interne.

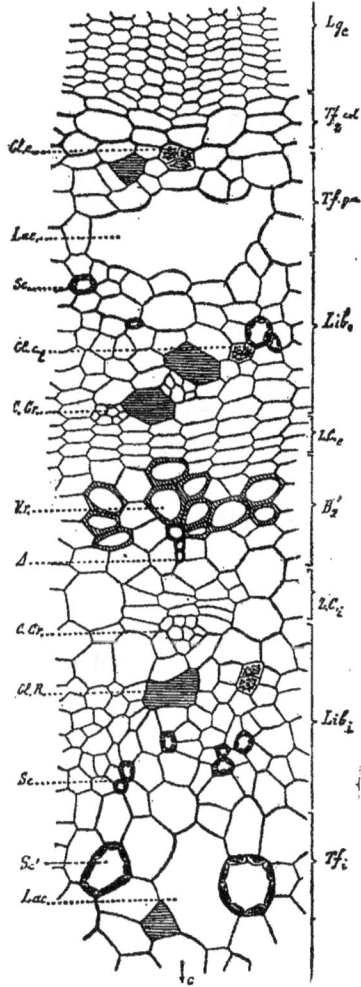

Cette région centrale de tissu fondamental présente,

en outre, quelques grandes lacunes et quelquefois des
éléments sclérifiés.

La zone libérienne qui s'étend entre la région centrale
de tissu fondamental et l'anneau ligneux primaire est
très développée. Dans cette région libérienne, il est facile
de distinguer les masses plus externes du liber secondaire des masses plus centrales du liber primaire. Les
éléments du liber primaire sont épaissis ; quelques-uns
même sont sclérifiés et présentent en coupe transversale,
l'aspect de fibres libériennes. Bien que ces éléments ne
soient pas terminés en pointe à leurs extrémités comme
les fibres libériennes caractéristiques, nous ne doutons
pas de leur origine.

Le liber secondaire qui est compris entre le liber
primaire et le bois primaire, présente l'aspect que nous
avons eu l'occasion de décrire plusieurs fois ci-dessus.
Il est caractérisé par ses cellules grillagées et ses nombreuses glandes résineuses et cristallogènes. Ce liber
secondaire interne dérive de l'activité d'une zone cambiale
interne que l'on peut encore observer très nettement
(fig. 30) et qui quelquefois produit non seulement du
liber secondaire, mais encore du bois secondaire caractérisé ; ce dernier étant intimement appliqué contre le
bois primaire.

Dans l'anneau ligneux secondaire qui succède extérieurement à la zone de bois primaire, il y a lieu de distinguer,
comme dans la tige qui termine les tubercules types,
deux zones différentes. La première, la plus interne
B'^2 dépourvue de grands vaisseaux ligneux, forme autour
de la zone ligneuse primaire un anneau continu très
serré. La seconde, la plus externe, est la même que dans

la tige principale des tubercules types à la distribution des éléments près. Les éléments ligneux secondaires durcis de seconde formation y sont distribués en trois massifs disposés presque symétriquement autour de la région centrale de l'organe et séparés les uns des autres par autant de régions parenchymateuses. On trouve donc alternativement en faisant le tour de la zone ligneuse une région où les éléments ligneux sont durcis et une région où ils sont à l'état de parenchyme muriforme.

La zone cambiale qui limite extérieurement l'anneau ligneux secondaire présente absolument les mêmes caractères que toutes celles que nous avons étudiées jusqu'à présent.

L'anneau libérien secondaire extérieur se distingue au premier coup d'œil des anneaux libériens des autres tubercules par le petit nombre de cellules à résine qu'il présente. Ces cellules à résine sont d'ailleurs semblables à celles que nous avons toujours rencontrées dans le liber secondaire des autres tubercules. Cette différence dans le nombre des cellules à résine tient uniquement à ce que l'organe que nous étudions est moins développé que ceux que nous avons eu occasion d'examiner jusqu'ici. En effet, à mesure que nous avancerons vers la partie renflée de ce même organe, nous verrons les cellules à résine augmenter et devenir rapidement aussi nombreuses que dans le liber des autres tubercules. Il en sera de même pour les cellules grillagées et pour les glandes cristallo-gènes, qui existent à ce niveau, en nombre peu considérable.

Comme dans le liber intérieur, il est facile de reconnaître les éléments libériens primaires. Ils forment à la périphérie de l'anneau libérien secondaire des masses caractérisées par des cellules épaissies, quelquefois même sclérifiées, comme celles que nous avons décrites en parlant des productions libériennes internes. Les éléments du liber secondaire succèdent immédiatement à la zone cambiale et présentent l'aspect de productions jeunes et en pleine activité.

Grâce aux sclérites du liber primaire extérieur, l'anneau libérien est assez nettement séparé du tissu cortical extérieur. Ces sclérites occupent en effet la région, limite entre l'anneau libérien et la zone de tissu qui sépare cet anneau du liège superficiel. Cette disposition rappelle ce que nous avons observé à la partie inférieure de nos tubercules types. Comme nous l'avons remarqué alors, ces sclérites existent tant que l'organe conserve une forme grêle et disparaissent dès qu'il se tubérise. C'est ainsi que les fragments cylindriques les présentent sur toute leur étendue, tandis que les tubercules fusiformes ne les offrent qu'à leurs extrémités amincies. La zone corticale extérieure est formée par du tissu fondamental, semblable à celui qui occupe le centre de l'organe et présentant comme lui des cellules à résine, différentes de celles du liber et un certain nombre de grandes lacunes.

Ces lacunes du tissu fondamental extérieur rappellent celles que l'on observe dans la même position dans le rhizôme du Convolvulus soldanella.

La seule différence que présente le tissu fondamental extérieur avec celui de la région centrale, c'est que jamais nous n'avons observé dans le premier, les éléments sclérifiés que nous avons mentionnés plus haut dans le second.

Vers l'extérieur, le tissu fondamental devient un peu collenchymateux et se trouve, en plusieurs points, en contact direct avec le liège qui forme le revêtement extérieur de l'organe. Le cambiforme qui donne naissance à ce liège est semblable à celui que nous avons observé à la surface de la tige principale qui termine les tubercules types. En certains points, on peut encore reconnaître qu'il produit du liège vers l'extérieur et du tissu fondamental secondaire vers l'intérieur. Au niveau où nous en sommes, il n'a encore été fourni qu'une très faible quantité de tissu fondamental secondaire, et l'assise corticale est presque entièrement constituée par du tissu fondamental primaire.

Le liège extérieur présente la même structure que celui que nous avons observé à la surface des tiges principales qui terminent supérieurement les tubercules types.

Nous pouvons conclure de la description que nous venons de donner que l'organe présente en ce point la structure d'une tige. Il nous suffira pour justifier cette conclusion de rappeler :

1° La disposition du bois primaire en plusieurs lames trachéennes symétriques autour d'une région centrale ou l'on observe des productions libériennes caractérisées à la périphérie d'un cylindre central de tissu fondamental ;

2° *La différenciation extérieure de chacune des lames trachéennes, c'est-à-dire de* Δ *vers C, le point* Δ *restent compris entre le point C et les lames ligneuses.*

La structure de cette tige présente avec celle de la tige

principale qui termine supérieurement les tubercules types une grande analogie de structure. Elle en diffère en quelques points :

1° La région de tissu fondamental intérieur est beaucoup plus développée. Elle présente souvent des éléments sclérifiés et toujours des lacunes ;

2° La bande libérienne qui sépare cette région centrale de la zone ligneuse primaire est beaucoup plus épaisse et présente du liber primaire et du liber secondaire. Cette tige présente donc des faisceaux à développement complet puisqu'on y observe les zones cambiales interne et externe avec leurs produits, comme dans la tige de la Bryone, des Solanées, etc ;

3° La localisation des éléments ligneux secondaires durcis en trois massifs ;

4° La présence de sclérites à la limite du liber et du tissu fondamental .

Ces différences répondent à des conditions physiologiques différentes, et nous amènent à considérer les organes qui nous occupent comme des rhizômes, c'est-à-dire des rameaux souterrains. Les racines caractérisées que l'on trouve insérées perpendiculairement sur ces organes confirment cette manière de voir.

Si nous pratiquons à partir de l'extrémité dont nous venons d'étudier la structure des sections successives vers la région renflée de tubercule, nous verrons que tout en conservant très longtemps ses caractères de tige il se tubérise par un procédé qui rappelle celui que nous avons vu employer par les racines.

Le mécanisme de la tubérisation ne fonctionne que successivement dans chacune des régions parenchymateuses comprises entre les massifs d'éléments ligneux secondaires durcis de seconde formation.

Nous allons rapidement exposer ce mécanisme dans l'une de ces régions.

La portion de la zone cambiale correspondant à cette région, donne d'abord naissance à une grande quantité de parenchyme muriforme qui a pour premier résultat de séparer en nombreux lobes, les éléments ligneux secondaires de première formation qui primitivement formaient autour du bois primaire une couronne continue. En même temps, sous la même influence, les lames trachéennes s'écartent de plus en plus les unes des autres. Un autre résultat de cette production considérable de parenchyme muriforme localisée en une seule des trois régions parenchymateuses, comprise entre les massifs de bois secondaire durci de seconde formation , c'est la modification que présente l'organe dans sa forme. Sa section transversale d'abord circulaire devient plus ou moins irrégulièrement ovale (fig. 5 (B.)

Un peu plus haut on ne distingue plus les lames trachéennes des petits lobes de bois secondaire de première formation réduits à un on deux éléments. Bientôt le parenchyme muriforme qui entoure ces lobes disséminés se cloisonne de la même manière que dans la racine tubérisée autour des massifs ligneux secondaires isolés.

Ces cloisonnements fournissent une nouvelle source d'accroissement et donnent naissance de la même manière que dans la racine à des cellules grillagées et à des glandes résineuses et cristallogènes.

Plus haut, des zones de recloisonnement apparaissent n'importe où et dans n'importe quelle direction dans le parenchyme muriforme et fournissent , comme dans la

racine les mêmes éléments disposés de la même manière.
Ordinairement, les plus importantes de ces zones sont
sensiblement parallèles à la zone cambiale et produisent
des éléments libériens (cellules grillagées, glandes résineuses et cristallogènes) vers l'intérieur (fig. 31.)

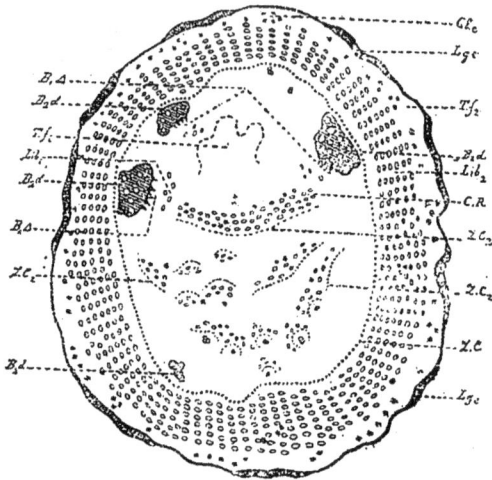

Fig. 31. — Section transversale d'ensemble pratiquée
dans une région médiocrement renflée d'un tubercule
de Jalap officinal de la 5me variété. .
Z.C$_2$, zone cambiale secondaire.

Un peu plus haut, les massifs de bois secondaire durcis
de seconde formation, qui limitent de chaque côté la
région tubérisée commencent à être découpés par des
lames de parenchyme muriforme, bientôt les lobes qui
s'en seront détachés deviendront à leur tour le siége de
développements nouveaux. En même temps, l'une des
régions parenchymateuses voisine commence à se tubéri-
ser de la même manière que la première et lorsque la troisième région se sera tubérisée, à son tour l'orgao ernffra

une structure tellement semblable à celle de la racine
dans sa région moyenne qu'il serait impossible de l'en
distinguer sans la connaissance du système libérien
central que l'on retrouve toujours plus ou moins écrasée.

Pendant que ces modifications s'accomplissent la zone
cambiale fournit, vers l'intérieur, outre le parenchyme
muriforme quelques éléments ligneux destinés à rempla-
cer ceux qui perdent leur activité et, vers l'extérieur, des
éléments libériens nombreux où ces cellules à résine deviennent rapidement très abondantes.

Le tissu fondamental extérieur est rejeté par la décortication et remplacé par du tissu fondamental secondaire,
absolument comme dans la racine.

On voit ainsi que deux organes de nature morphologique très différente, une racine et une tige, amenés à
remplir la même fonction physiologique, prennent, en
définitive, une structure anatomique presqu'identique.

Nous n'avons plus, pour terminer l'étude que nous
avons entreprise, qu'à comparer la structure du Jalap
léger et des Jalaps de Tampico avec la structure du Jalap
officinal, sur lequel nous avons spécialement fixé notre
attention.

Nous n'avons constaté aucune différence anatomique
entre le Jalap digité majeur et le Jalap digité mineur,
confondus sous le nom de Jalaps de Tampico et que Guibourt attribue d'ailleurs à la même espèce. Il nous est de
même impossible de signaler une différence anatomique
ou histologique entre ces deux variétés de Jalap et le Jalap
officinal lui-même.

Un énorme tubercule de Jalap digité major nous a
fourni, pourtant, un fait nouveau. C'est la présence dans

l'anneau libérien secondaire extérieur d'éléments ligneux secondaires durcis entourés de parenchyme cloisonné parallèlement à leur surface.

Ces sortes de faisceaux extérieurs sont séparés des tissus libériens environnants par une région écrasée (fig. 32 et 33.)

Fig. 32. — Portion grossie du bord d'un énorme tubercule de Jalap de Tampico (digité majeur).

M*ll* , massifs ligneux corticaux.

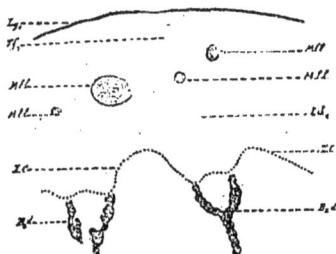

Nous avons suivi ces massifs ligneux corticaux, au moyen de coupes transversales successives et nous nous sommes rendu compte de leur origine et de leur parcours. Ce sont des éléments ligneux secondaires durcis récemment fournis par la zone cambiale qui s'écartent de leur position et s'avancent plus ou moins loin dans le liber, entraînant avec eux quelques rangs du parenchyme muriforme qui les entourait et la portion de la zone cambiale à la face interne de laquelle ils étaient nés. Ce sont les éléments de la zone cambiale que l'on retrouve écrasés autour de ces massifs.

Nous avons constaté que ces massifs ligneux, après avoir cheminé un certain temps dans le liber revenaient toujours à leur position primitive à l'intérieur de la zone cambiale.

Nous ne considérons pas ce fait intéressant comme caractéristique du Jalap digité majeur , nous croyons au contraire qu'il peut se présenter dans chaque espèce de Jalap, chaque fois que le tubercule atteint un volume assez considérable.

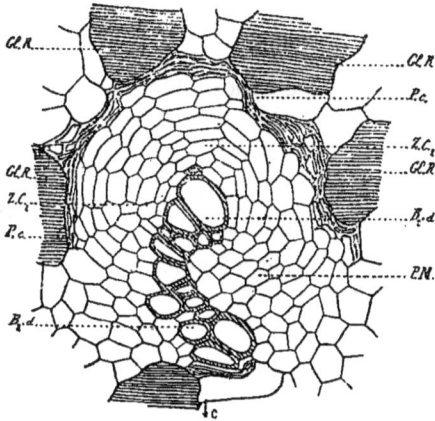

Fig. 33. — Section transversale d'un massif ligneux secondaire durci, isolé par une lame cambiale secondaire et formant faisceau dans le tissu libérien extérieur. Gros tubercule de Jalap de Tampico.
P. c Portion comprimée.

En lui-même, ce fait montre une application remarquable des rapports des faisceaux secondaires externes avec les productions secondaires des faisceaux primaires, tels qu'ils ont été formulés dans la Théorie du faisceau.

La même structure anatomique générale se retrouve dans le Jalap léger ou fusiforme. Les vaisseaux ligneux sont encore les mêmes et tous les éléments histologiques s'y présentent avec les mêmes caractères. La seule différence que nous y ayons constatée est l'absence de sclérites. — Peut-être la dissémination du bois secondaire durci, en lobes nombreux est-elle plus rapide et plus complète que dans les autres espèces de Jalap ? Un tubercule de Jalap léger médiocrement tubérisé, présente déjà de très nombreux massifs ligneux disséminés et chacun de ces massifs est réduit à un ou deux vaisseaux isolés ou accompagnés seulement de quelques fibres et de quelques cellules de parenchyme ligneux durci. Toutefois, on rencontre, à ce point de vue, des différences presqu'aussi considérables entre deux tubercules d'une même espèce qu'entre deux tubercules d'espèce différente.

Nous pouvons conclure de ces faits que les différentes espèces de Jalaps (Jalap officinal, Jalaps de Tampico, Jalap Léger), présentent une structure microscopique semblable.

CONCLUSION GÉNÉRALE

1° Le Jalap considéré comme drogue simple est principalement formé de tubercules qui correspondent aux
régions hypertrophiées de l'axe hypocotylé et de la partie supérieure de la racine principale du végétal qui les
produit;

2° Il renferme également un certain nombre de tubercules qui représentent des racines tubérisées de différents
ordres ;

3° On y trouve enfin des tubercules qui proviennent
de tiges souterraines tubérisées et qui appelés à jouer le
même rôle physiologique ont subi un ensemble de trans-
formations qui leur a donné une structure anatomique
semblable à celle des racines tubérisées.

APPENDICE

CONTRIBUTION A L'ÉTUDE PHARMACEUTIQUE DES JALAPS

D'après Bouchardat (1) le Jalap fut introduit en Europe en 1570. De l'avis de la plupart des auteurs, il était employé dans la pratique médicale en France et en Angleterre dès 1610, mais sans qu'on sût à quel végétal il appartenait.

L'origine exacte du Jalap officinal ne fut d'ailleurs établie que vers 1829, grâce aux échantillons fournis par Ledanois, pharmacien français, qui avait longtemps demeuré au Mexique.

Cette question fut le sujet de controverses nombreuses dont on trouve la relation dans les différents traités de matière médicale (2).

Au point de vue thérapeutique, on n'a pas d'abord limité l'action du Jalap à celle d'un simple purgatif. Ce

---

(1) *Manuel de matière médicale, de thérapeutique et de pharmacie*, 3me édition, 1857.

(2) Voir en particulier : *Histoire naturelle des drogues simples*, de Guibourt, corrigée par M. Planchon.

médicament a été surtout employé comme hydragogue, (1)
mais on l'a vanté aussi contre les scrofules. (2) D'après
Van Swieten cité, par MM. Mérat et De Lens on l'a
donné comme un antivermineux certain contre le ténia, et,
s'il fallait en croire Paullini, qui a trouvé le moyen d'écrire
un livre de 417 pages sur cette racine, ce serait, en
quelque sorte, une panacée (3).

Quoi qu'il en soit, le Jalap est est uniquement considéré,
de nos jours, comme un purgatif énergique dont l'action
se porte spécialement sur le gros intestin. Les propriétés
purgatives du Jalap sont attribuées, en effet, à une résine
qui ne peut se dissoudre qu'à la faveur des sucs alcalins
de l'intestin.

Cette résine s'extrait des tubercules de Jalap au moyen
de l'alcool. Les Jalaps commerciaux en renferment des
proportions variables. M. Henry père a fait cette
intéressante remarque, que le Jalap piqué des vers
renferme proportionnellement plus de résine que le Jalap
sain, les insectes s'attaquant à la partie amylacée sans
toucher à la résine (4) (5).

(1) *Flore médicale.*

(2)   Id.

(3) Paullini (C. F.), *De Jalapa liber singularis* , *Francfort. ad
Mœnum* , 1700.

(4) *Annales de Chimie* , LXXII , 275.

(5) D'après MM. Méral et de Leus (*Dictionnaire universel de
Matière médicale et de Thérapeutique générale* , Bruxelles , 1837), les
insectes qui attaquent le Jalap sont des petits coléoptères du genre
Botriche (*Bostrichus*) qui y creusent des galeries en épargnant la
substance résineuse. Nous aurions voulu confirmer cette observation
et déterminer à quelle espèce appartiennent ces Botriches , mais
nous n'avons pas réussi , jusqu'à présent , à rencontrer des échantillons de Jalap piqué renfermant ces insectes en état de conser-
vation suffisant pour les déterminer.

M. Cadet de Gassicourt (1817) a douné comme il suit, les résultats de l'analyse de la racine de Jalap officinal.

Eau et Perte............	8,3	
Résine.................	10.	
Extrait gommeux........	44.	
Fécule.................	2,5	
Albumine...............	2,5	
Ligneux................	29.	100
Phosphate de chaux.....	0,8	
Chlorure de potassium...	1,6	
Carbonate de potasse....	0,4	
Carbonate de chaux......	0,4	
Silice.................	0,5	

M. Ledanois a obtenu du Jalap léger :

Eau et Perte............	2,8	
Résine	8.	
Extrait gommeux........	25,6	100
Amidon	3,2	
Albumine...............	2,4	
Ligneux................	58.	

Plus tard, Guibourt à qui nous empruntons les résultats précédents, eut l'occasion de refaire l'analyse du Jalap officinal pour y comparer les résultats fournis par l'analyse d'un faux Jalap, connu sous le nom de Jalap à odeur de rose.

Voici les résultats de l'analyse du Jalap officinal :

Eau et Perte	3,80	
Résine.................	17,65	
Mélasse (par l'alcool).....	19.	
Extrait sucré (par l'eau)..	9,05	100
Gomme	10,12	
Amidon	18,78	
Ligneux...	21,60	

Il est à remarquer que dans aucune de ces analyses, il n'est question de l'oxalate de chaux que l'examen microscopique montre en quantité notable dans les tubercules de Jalap. Seule, la première analyse du Jalap, celle de Cadet de Gassicourt mentionne des carbonates qui en dérivent vraisemblablement.

Depuis, on s'est borné dans les expériences faites sur le Jalap au dosage de la résine.

M. Guibourt s'est beaucoup occupé de cette question et a recherché la résine quantitative, non seulement dans les différents Jalaps, mais encore dans les tubercules de différents âges. Nous résumons ici les résultats du savant auteur (1) :

$$
\begin{array}{l}
\text{Jalap tubéreux off.} \left\{ \begin{array}{ll} \text{moyen} & 17,65 \\ \text{jeune} & 14,68 \end{array} \right. \\
\text{Jalap léger d'Orizaba} \ldots\ldots \quad 8. \\
\text{Jalap digité} \ldots\ldots \left\{ \begin{array}{ll} \text{moyen} & 7,38 \\ \text{jeune} & 3,91 \end{array} \right.
\end{array} \right\} \text{pour cent.}
$$

M. Andouard dans sa thèse couronnée par la Société de Pharmacie de Paris, (1864), arrive aux résultats suivants :

$$
\begin{array}{l}
\text{Jalap officinal} \ldots\ldots \quad 12 \text{ à } 14 \\
\text{Jalap fusiforme} \ldots\ldots \quad 10 \text{ à } 20 \\
\text{Jalap Tampico} \ldots\ldots \quad 4 \text{ à } 5
\end{array} \right\} \text{pour cent.}
$$

D'après le même auteur, les petites racines de Jalap

_____

(1) *Histoire naturelle des drogues simples.* — *Journal de Pharmacie et de Chimie*, 1863.

seraient généralement plus riches en résine que les gros
tubercules de la même plante. Ce résultat, complètement
en désaccord avec les chiffres de M. Guibourt ne s'accorde
pas davantage avec l'étude anatomique qui nous a montré
des cellules à résine de plus en plus nombreuses
à mesure que le volume du tubercule augmentait. L'auteur
n'aurait-il pas considéré comme petites racines de Jalap,
les fragments légèrement tubérisés que l'on trouve en
abondance dans le grabeau et qui renferment en effet
beaucoup de résine ?

La Commission chargée d'examiner la thèse de
M. Andouard entreprit de son côté une série d'expériences, dont voici les résultats (1) :

Jalap officinal	16 à 17	
Jalap fusiforme	9 à 10	
Jalap tampico.........	3 à 4	
Jalap digité majeur....	1,5 à 2	pour cent.
Jalap digité mineur....	2 à 3	
Jalap d'origine inconnue	8 à 10	

Nous ferons remarquer ,à propos de ces dernières
expériences,que nous avons toujours confondu le Jalap de
Tampico et les Jalaps digités (2). Nous ignorons sur quels
caractères la Commission dont nous reproduisons les
résultats ,d'après le Journal de Pharmacie et Chimie, a
basé la séparation de cette sorte en deux groupes.

---

(1) *Journal de Pharmacie et de Chimie*, 1866.

(2) Les Jalaps digités de Guibourt répondent à la sorte désignée
en Angleterre sous le nom de Jalap de Tampico et dont M. Haud-
bury nous a fait connaître l'origine.
Histoire naturelle des drogues simples de Guibourt, corrigée et
augmentée par M. Planchon. 7° édition. Paris , 1876.

7b

Nous avons pensé qu'il n'était pas inutile de réunir ici les différents résultats obtenus sur cette question intéressante au point de vue pharmaceutique.

Dans le but d'y ajouter quelques données nouvelles, nous avons extrait par le procédé indiqué au codex la résine quantitative :

1° D'échantillons types des différents Jalaps, fournis par la Pharmacie centrale.

2° D'échantillons divers de Jalaps commerciaux dont nous avons séparé les grabeaux, les faux Jalaps et les tubercules de Jalap léger que l'on peut toujours distinguer à leurs caractères extérieurs. Ce Jalap trié est formé d'un mélange de Jalap tubéreux et de Jalaps digités ; nous savon dit plus haut que la séparation pratique de ces deux sortes nous semblait impossible.

3° Des grabeaux que l'on trouve au fond des balles de Jalap et qui sont principalement formés, comme nous l'avons dit dans la première partie de ce travail, de fragments de rameaux souterrains grêles ou légèrement tubérisés.

Nous avons en outre évaporé au bain-marie, jusqu'en consistance pilulaire, les produits de macérations aqueuses que nous a fournis l'application du procédé du Codex à l'extraction de la résine. Les extraits ainsi obtenus sont presque entièrement solubles dans l'eau. Ils sont hygrométriques. Leur odeur rappelle celle des pruneaux très confits ; leur saveur, d'abord saline, devient ensuite douceâtre, nauséeuse.

Nous donnons sous forme de tableau les résultats obtenus.

I. — *Échantillons types de Jalaps* (fournis par la Pharmacie centrale).	RENDEMENT POUR CENT	
	Résine séchée à 100°	Extrait Aqueux
Jalap tubéreux officinal............	12,5	38
Jalap léger (petits échantillons)....	2	35
Jalap digité major.................	7	12
Jalap digité minor.................	9	11,5
II. — *Jalaps commerciaux triés.*		
1er échantillon.......	12,5	35
2e échantillon.....................	10,5	33
3e échantillon.....	7,5	23
4e échantillon....................;	8	17
III. — *Grabeaux*.................	8,5	27

RÉSINE DE JALAP.

La résine de Jalap était autrefois employée sous le nom de *Magistère de Jalap*, vraisemblablement parce qu'on l'obtenait en précipitant par l'eau la teinture alcoolique de Jalap. Elle a été étudiée au point de vue chimique par MM. Planche, Johnston, Kayser, Mayer, Spirgatis.

Il résulte des travaux de ces différents auteurs que la résine de Jalap paraît essentiellement formée de deux glucosides résineux homologues, qui se distinguent par leur solubilité dans l'éther, l'un insoluble ; la *Convolvuline*, l'autre soluble ; la *Jalapine*.

C'est à ces glucosides résineux et particulièrement à la Convolvuline qui forme environ les $^9/_{10}$ de la résine de Jalap que ce médicament devrait ses propriétés purgatives.

Toutefois, nous n'avons trouvé nulle part mention d'expériences chimiques tentées avec ces glucosides à l'état de pureté.

Vers 1835, le chimiste anglais Hume annonça qu'il avait retiré du Jalap un alcaloïde nouveau qui purge à la dose d'un grain, est sans odeur, ni saveur sensible, presque insoluble dans l'eau froide, soluble dans l'alcool (1).

Gerber assure que ce prétendu alcali nouveau n'est qu'une combinaison de résine et d'acide acétique (2). D'autre part, du sulfate de Jalapine envoyé par M. Hume a été trouvé formé de sulfate de chaux et de sulfate d'ammoniaque par M. Pelletier et de sulfate de magnésie et d'ammoniaque par M. Guibourt (3).

Nous nous expliquions difficilement, qu'une substance composée de ces principes puisse purger à la dose d'un grain. N'y aurait-il pas là, sinon un alcaloïde au moins un principe spécial qui aurait échappé à l'analyse ?

La résine de Jalap renferme toujours une substance oléagineuse qui possède, à un très haut degré, l'odeur particulière du Jalap et qui imprègne tellement les glucosides

---

(1) *Bull. des sc. med. de Fér.*, II, 179 (cité dans Mérat et de Leus).

(2) *Journal d' Chimie médicale*, IV, 384.

(3) *Bulletin de Pharmacie*, XIII, 449.

qu'il faut réitérer pendant plusieurs semaines les traite-
ments à l'eau bouillante pour les en débarrasser (1).
Keller considère cette substance comme un acide volatil
(butyrique ou valérique) (2) mais un fait cité par
MM. Le Maout et Decaisne dans leur traité général de
Botanique nous conduit à nous demander si cette substance
odorante n'entre pas, au moins pour une certaine part,
dans les propriétés purgatives du Jalap. La résine des
Convolvulacées, disent-ils, ne doit ses propriétés purgatives qu'à l'arôme qui l'accompagne, car les rhizômes
pulvérisées et longtemps exposés à l'air les perdent,
bien qu'ayant conservé le principe purement résineux.

Nous avons constaté que cette substance oléagineuse
odorante se dissout dans l'alcool, l'éther, le sulfure de
carbone.

Elle surnage vers la fin de la distillation, lorsqu'on a
retiré presque tout l'alcool des teintures de Jalap dont on
se propose d'extraire la résine et reste à la surface de
l'eau qui sert à précipiter la résine. Elle est ainsi éliminée,
en partie du moins.

Henry et Guibourt signalent (3), que l'extrait obtenu en
évaporant l'eau qui a servi à précipiter la résine jouit de
propriétés purgatives très marquées. Si l'on songe que
les Glucosides résineux, Convolvuline et Jalapine, sont
tout-à-fait insolubles dans l'eau, on se demande à quel
principe cet extrait doit ses propriétés purgatives.

---

(1) *Dictionnaire de Chimie,* de Wurtz. Art. Jalapine.
(2)   Id.
(3 *Pharmacopee raisonnee*

PRÉPARATION DE LA RÉSINE DE JALAP

La résine de Jalap se retire toujours des tubercules préalablement divisés au moyen de l'alcool qui dissout à la fois les deux glucosides (Convolvuline et Jalapine) et la substance oléagineuse odorante, dont nous venons de parler ; mais différents modes opératoires ont été indiqués.

1er Procédé. — Planche (2) prive d'abord le Jalap de sa partie extractive par l'eau froide, l'épiste ensuite au mortier, afin de la bien diviser dans l'eau et de rassembler la résine sous forme d'une masse molle qu'il purifie en la dissolvant dans l'alcool.

Ce procédé qui épargne de l'alcool, produit peu de résine ; on comprend, en effet, qu'au moyen de la division la plus parfaite du Jalap dans l'eau, on ne peut extraire aussi complètement la résine qu'en mettant à profit l'action dissolvante de l'alcool.

2e Procédé. — Henry et Guibourt traitent trois fois par l'alcool à 90° le Jalap grossièrement pulvérisé, distillent les liqueurs alcooliques réunies et étendent de 20 à 30 fois son poids d'eau le résidu de la distillation. La résine précipitée est recueillie, étendue sur des assiettes, puis séchée à l'étuve.

3e Procédé. — Le Codex français indique pour la préparation de la résine de Jalap officinale, un precédé qui n'est qu'une combinaison des deux précédents

    Racine de Jalap concassée...   1.000 grammes.
    Alcool à 90°...............   6.000 grammes.

Bulletin de Pharmacie, 1814. Cité par Henry et Guibourt.

Placez le Jalap dans un tamis de crin, et faites le macérer ainsi pendant deux jours dans de l'eau afin d'en retirer les principes solubles dans ce liquide; exprimez fortement. Mettez le marc en contact avec les deux tiers de l'alcool ; laissez macérer pendant quatre jours ; passez avec expression et répétez la même opération avec le restant de l'alcool. Réunissez les liqueurs alcooliques et après les avoir distillées pour en retirer la partie spiritueuse; versez le résidu de la distillation dans l'eau bouillante. Laissez reposer, décantez et lavez la résine précipitée jusqu'à ce que l'eau de lavage en sorte incolore.

Distribuez la résine sur des assiettes et faites sécher à l'étuve.

Lorsque d'après la prescription du Codex, on verse le résidu de la distillation des liqueurs alcooliques dans l'eau bouillante, la résine qui précipite s'agglomère sous forme de térébenthine épaisse qui adhère fortement aux parois du vase et ne peut être recueillie qu'avec beaucoup de difficulté. Nous avons remarqué que si l'on verse, au contraire, le résidu de la distillation dans l'eau froide, la résine précipitée reste sur les parois du vase sous une forme très divisée ; les particules résineuses sont isolées les unes des autres par des gouttelettes d'eau, et il est très facile à l'aide d'une simple carte ou d'une spatule flexible de recueillir complètement le produit. Lorsque toute la résine est réunie, l'eau vient peu à peu surnager à la surface tandis que les particules résineuses s'agglutinent.

Nous ne croyons pas que cette modification puisse changer beaucoup le produit obtenu ; toutefois, nous devons signaler que la résine préparée par le procédé du Codex rigoureusement suivi est moins odorante que celle

que l'on obtient en apportant à ce procédé la modification
que nous venons d'indiquer. L'eau bouillante sépare, en
effet, de la résine plus d'huile d'odorante que l'eau froide.

4e Procédé. — Soubeiran épuise le Jalap pulvérisé
à 80° l'alcool retire par distillation et ajoute au résidu un
volume d'eau égal au sien. La résine précipitée est lavée à
plusieurs reprises par l'eau chaude, puis redissoute dans
l'alcool à 80°.

Ce procédé fournit une résine qui diffère évidemment
de celle du Codex, puisque l'alcool employé est à un degré
centésimal différent, mais elle présente encore les mêmes
caractères extérieurs.

5e Procédé. — M. Nativelle a indiqué un bon moyen
pour obtenir la résine de Jalap à l'état de pureté parfaite.
L'emploi de ce procédé donne, en effet, une résine
blanche tandis que celle que l'on obtient par les différents
procédés que nous venons de passer en revue est toujours
d'un brun verdâtre.

Nous résumons le mode opératoire indiqué par l'auteur
et cité par Bouchardat (1) et Soubeiran (2) :

On divise les tubercules de Jalap en deux ou trois
morceaux, on verse dessus de l'eau bouillante qui gonfle
les tissus et permet de les diviser ensuite en tranches
aussi minces que possible.

On fait alors trois décoctions aqueuses d'environ dix
minutes après chacune desquelles le résidu est soumis à

(1) Traité de Matière médicale.
(2) Traité de Pharmacie galenique et chimique.

une forte pression L'eau s'écoule alors presque incolore.
On fait de la même manière trois décoctions successives
avec l'alcool à 65°. On recueille les liqueurs alcooliques
et on en retire tout l'alcool par distillation.

Si la résine ainsi obtenue n'est pas tout à fait incolore
il suffit de la dissoudre dans deux ou trois fois son volume
d'alcool à 65°, d'ajouter une petite quantité de noir animal
et de filtrer. L'alcool évaporé laissera une masse
résineuse à peine ambrée qui, séchée à 100° donnera une
poudre aussi blanche que l'amidon.

D'après Bouchardat, chaque kilogramme de Jalap de
bonne qualité donne 100 grammes de résine pure,
résultat qui s'accorde bien avec la résine quantitative. Il
ajoute que cette résine a été essayée et qu'elle est aussi
active que celle obtenue par les autres procédés qui ne la
donnent point blanche.

Nous avons trouvé au point de vue du rendement une
différence très sensible suivant que l'on emploie le procédé
du Codex ou bien celui de Nativelle.

Afin d'avoir des résultats comparables, voici comment
nous avons procédé : Nous avons scié longitudinalement
un certain nombre de tubercules en deux parties sensiblement égales et nous avons extrait la résine des moitiés
droites par exemple, en suivant le procédé du Codex,
des moitiés gauches, au contraire, en suivant le procédé
de M. Nativelle. Nous avons en outre préparé des extraits
aqueux à l'aide des liqueurs obtenues d'une part par
macération (procédé du Codex) d'autre part, par décoction (procédé de Nativelle).

Voici les résultats que nous ont fournis trois expériences comparatives :

PROCÉDÉ DU CODEX		PROCÉDÉ DE M. NATIVELLE	
Résine.	Extrait.	Résine.	Extrait.
1º 7	11,5	1º 3	9
2º 12,5	33	2º 6	27
3º 7,5	23	3º 3,3	17

On remarque d'après ces chiffres que nous avons toujours obtenu moitié moins de résine par le procédé de M. Nativelle que par celui du Codex, bien que nous ayons mis tous nos soins à diviser le mieux possible les tubercules et à appliquer strictement le mode opératoire de l'auteur. Cette différence tient à l'emploi de l'alcool à 65º qui ne dissout pas toute la résine. Nous avons en effet constaté que les résidus de l'opération par le procédé de M. Nativelle traités par le procédé du Codex fournissent une nouvelle quantité de résine. Nous avons observé en outre que l'alcool à 65º ne dissout pas complétement la résine du Codex. Nous ferons remarquer enfin que la résine blanche obtenue par le procédé de Nativelle est presque dépourvue de l'odeur caractéristique de la résine brune, les nombreuses décoctions que l'on fait subir au Jalap, éliminant presque entièrement l'huile odorante qui imprègne les glucosides.

Il ne nous appartenait pas de vérifier si réellement cette résine blanche est aussi active que la résine du Codex.

Un autre fait résulte de l'examen comparatif des deux

procédés, c'est que l'on obtient plus d'extrait aqueux par macération que par décoction.

Nous donnons ces quelques résultats de nos observations, comme une légère contribution à l'étude pharmaceutique du Jalap, qui a déjà fait le sujet de nombreux travaux et qui peut encore être l'objet d'intéressantes recherches.

www.ingramcontent.com/pod-product-compliance
Lightning Source LLC
Chambersburg PA
CBHW071513200326
41519CB00019B/5929